本书的作者蒂姆·格罗弗

失败是统治者通往成功的垫脚石

W1NNING 野蛮进化 ②

1995年某夜，芝加哥公牛被奥兰多魔术击败，告别季后赛。那晚，我陪乔丹在漆黑的联合中心球馆一直坐到凌晨三点。两个月前他刚重返篮球场；之前是他的首次退役，期间经历了一次短暂的职业棒球生涯，过去的一年发生了太多的事情。

他穿着西服打着领带，四下打量了一番这座开赛不久才修缮竣工的全新球馆（在原先颇具传奇色彩的芝加哥体育馆基础上）说："我恨这座该死的球馆。"

"是你缔造了他。"我回答。

在那一系列比赛期间，有些奥兰多魔术的球员说他不像是原先的23号，他的确已不再是。他穿了45号球衣，根本还没准备好，这一点我比任何人都清楚。他的耐力、投篮……根本没有足够的时间恢复到人们早已习惯看到的那种卓越水准。

可想而知，人们会说："他的棒球生涯失败了，复出篮坛失败了，整个职业生涯都失败了。迈克尔·乔丹完了。"

他们当然错了。统治者完没完，谁说了都不算，只有他自己。

那场比赛结束时，在与所有球员握完手离开球场前，他给魔术队发出了这样一个信号：好好享受这场胜利吧，因为这种好事不会再有第二回。

然后他换回了 23 号球衣，紧接着的那个赛季，他率领公牛队取得了创 NBA 纪录的七十二场胜利，并赢得复出之后三枚总冠军戒指中的首枚，而在他"失败"之前，他已经拿下了三枚。

▲ 乔丹与队友手捧奖杯，庆祝公牛夺得三连冠

失败？你状态最差的时候也强过别人状态最好的时候，也叫失败？我没法理解这种概念。所有的首次尝试都没能成功，就意味着"失败"？难道让你从头再来继续努力直至成功不是件好事吗？怎能叫失败？

多数人认为的失败，统治者却将之视作机会加以掌控，最终化为自身优势，完成别人所谓的不可能完成的任务。如果只有 2% 的成功概率，他也会冒那 98% 的风险，只为展示自己敢于接受挑战，尝试别人不可能做到的事。这或许得耗几年时间，期间所尽的努力他人难以想象,但统治者最终仍会接受挑战,让事情朝着有利于自己的方向发展。他必须这样做,这是他唯一懂得走的一条路。这样不行,我们得那样做;那样行不通,我们可以这样走。你能准备多少条道?你能开辟多少条路径让自己最终不至于翻进沟?如果真掉了进去,你又有多少办法能帮自己解围?

之后,乔丹成为夏洛特山猫队老板和总经理,广受争议,这引起了我的兴趣。当了四年的小股东之后,乔丹于2010年成为山猫队的唯一投资人,成为首位控股NBA球队的前NBA球员。

▲ 乔丹在奋力突破活塞的防守

很快,批评家猛然将炮火转向球队的糟糕表现,质问山猫队的失败会不会令乔丹之前留下的辉煌黯然失色,还拿他与其他跃升至管理层的前球员做对比。"拉里·伯德!乔·杜马斯!杰里·韦斯特!"这些杰出的高管为他们各自效力的球队做出了突出的贡献,但区别在于:他们全都是为别人效力,乔丹在为自己工作。那是他自己的投资,那扇门上刻的是他自己的名字。受雇于人干一份你终将自愿或非自愿离开的工作,与拥有一项之前从未有前NBA球员做到过的事业,两者有着天壤之别。挑战一项之前从未有人尝试过、成就过的事业，何谈失败？

经历了惨不忍睹的2011—2012赛季之后，他没有责怪任何人，对球队的表现承担起全部责任，并表示自己必将设法使球队走出困境。队里最好的球员居然是球队的老板，那又怎么样？他在赛季后回应记者说，"我绝不想成为史上最失败的球队老板"，你得相信他。

说简单点：只有你决心失败，失败才会真的到来。在此之前，你仍总会想方设法去到自己想去的地方。

▲ 格罗弗在指导韦德训练

统治者绝不承认失败

德怀恩在季后赛膝部严重受伤拒绝退场，科比身上多处受伤包括轻微脑震荡，仍拒绝下场观战，那就是拒绝失败的决心。一旦出发，就永远在路上，始终寻找着令人意想不到的方法，让一切尽在掌控。

成功和失败，百分百关乎心理。一个人对于成功的看法，在另一个人看来可能是彻头彻尾的失败。

什么叫无人能敌？

不管别人说什么，你必须有自己的定义，建立自己的愿景。

直觉告诉你什么？本能知道自己该干什么？你打算如何成功，在哪方面取得成功？事情本来的面目又怎能依赖别人来告诉你？

别人说你失败的时候，其实他们真正想要表达的意思是"如果换成我，我肯定会感觉像个失败者"。那人不是你，他显然不是统治者，因为统治者从不承认失败。我理解，当别人都想让你失败时，克服重重困难进行反击绝对是种挑战。

2007年我在芝加哥成立阿泰克运动中心时，已从业近20年。当时我已训练过世界上最顶尖的运动员，所到之处，所见之事，别人只有向往的份，但我还是想把阿泰克运动中心带上更高的层次。所有人都说这已是我作为训练师所能达到的最高成就。但对我而言，这仅仅是个开始。我打造了一个一流的运动训练机构，吸引了世界各地的运动员，换作其他任何一位训练师，建造和拥有这样一所机构，恐怕连想都不敢想。

我有自己的期待与计划，运动员们来阿泰克也都是为了成就梦想，创新与冒险就是我想要实现的一切。但和所有事业一样，总有些出人意料的情形会逼着你做出调整，我自然也面临过一些甚至会改变运动中心发展方向的艰难抉择。面对NBA的停摆，在无法预知开赛时间的情况下，球员们都不愿在训练方面投入财力。我的几位主要客户，比如科比、德怀恩还有其他一些人，难免都要我迁就他们的行程，因此我的中心建在芝加哥，自己却得跟着他们满世界跑，这样经营事业着实艰难。而不久后，"阿泰克运动中心濒临倒闭"的消息便开始疯传。

这对运动中心的发展而言是种挫折，然而应对挫折才是成功之道。吸取经验教训才能适时做出调整。当别人都在议论你的"失败"时，你得表现得足够专业，重新规划自己的航线，重新上路。那便是从优秀到卓越再到无人能敌的进化过程。没有人能从无人能敌开始。搞砸了，再搞定就是了，记得永远信任自己。

乔丹带领公牛横扫魔术

这么说吧：阿泰克运动中心代表着我和我本人所从事的职业，而不仅仅是幢建筑。建筑只关乎设施、环境和一种创新概念。而阿泰克运动中心就是我，就是我的训练哲学，我在哪儿，它就在哪儿。阿泰克运动中心就是我在全球范围内开展的工作，我拼尽全力确保自己和客户在任何合作项目上都达到理想的程度，始终想方设法让我们的训练行之有效。

然而不管在任何领域，当你做到极致时，也会不可避免地成为同行们攻击的重点目标。当同事、朋友、敌人开始在背后议论和诽谤你时，你就知道自己做对了，否则他们那么关注你和你的事业干吗？

▼ 赢得比赛后，近乎虚脱的乔丹倒在皮蓬怀中

失去？我失去的，你从未有过。

统治者眼中从来没有失败，因为对他而言，过程永远是个"进行时"，没有终点。如果某些事情没有按预定计划发展，他会本能地寻求其他途径让事情重回正轨。他不会感觉尴尬或羞愧，不会责怪他人，也不会在意别人对他说三

道四。因为那绝不是终点，事情还远没有结束。

他知道，也毫不怀疑，无论发生什么，自己都能想方设法克服困难。如果你有幸见到我和一只熊在林中搏斗，就去帮帮那只熊吧。

善做选择,变"失败"为成功。如果你的球队没能赢得冠军，如果你的事业分崩离析，如果你的付出没能得到相应的回报，不妨仍按既定路线走下去。

记住你是谁，记住自己一路走来付出的一切。遵循自己的直觉，它在告诉你什么？过程远没有结束。你还有各种选择：

▲ 在公牛主场迎战湖人的比赛上，科比首次与乔丹当面对决

被动者擅于承认失败；

掌控者蛮干到底；

统治者调整战略，誓求最好的结果。

承认失败不在讨论范围之内，因为"放弃"和"野蛮进化"无论从哪种积极的角度看都水火不容。承认失败，称自己别无选择的人，无非是对自己、成功和卓越不够较真。口口声声说自己会"努力"，一旦努力无果，便主动放弃。

去他的"努力"。努力是对失败的公开邀请，不就是换个好听的说法吗？

"我失败了，但那不是我的错，我努力过。"你努力到极致了？还是你做到极致了？二者有天壤之别。

"嗯，我努力了。"好吧，那么告诉我你做了什么。只有做和不做。去做，没做好的话，从头再来。你照这个方法做了吗？那个方法呢？你是否尝试了所有想法？要让事情朝着自己的预期发展，还有其他可能的办法吗？

如果"卓越"是你的追求，那么你必须乐于牺牲，那是成功所需的代价。只有当你初尝失败的酸楚，才会知道自己对成功有多渴望，才会想要把吞到肚子里的怨气一口一口地吐出来。

被换下场了？亏了一大笔钱？别人顶替你的名额升了职？别人或许会放弃，这些人当然也会力劝你放弃。但你之所以停下脚步，只能是因为你想要停下来。

是否仍有需要完成的工作？你的内心是否仍感觉愤怒，驱使着你去采取行动扭转局势？不到万不得已，掌控者不会停止脚步，但请记住，他之所以被称为掌控者，就是因为他已走到终结处。一旦终结一刻来临，他能感知得到。一切都已结束。

统治者绝不能接受"一切都已结束"的说法。

但他总能意识到，是时候该调整方向了。一旦树立了目标，中途改变航向是最艰难的选择。做出决定，付出努力，也得到了相应的回报，可事情就是没有朝着理想的方向走。承认必须调整策略，算差劲儿吗？拒绝考虑其他方案，因无法适应变通而一败涂地，才叫衰。

统治者不需要别人对他进行定义

我们都有过这种经历：意识到什么事情不对劲了。你的前进步伐没有计划的那么快，没赚到想赚的钱，有什么突发状况影响了你的状态，或者只是不喜欢正和你共事的人。此刻，本能就成了你所拥有的最有用的工具，因为唯有你才能决定是否听从自己的心声。

在职业运动领域，对大龄运动员而言，选择退役就是一个如此艰难的决定。能不能再来一个赛季？对年轻运动员来说，是选择继续坐板凳，或是转投其他俱乐部，还是干脆换个行当？在商界，则可能面临创建或出售一家企业、变换职业或工作。无论何种情形，都要懂得依靠勇气和自信适时做出转变。

你需要某个特殊的人来提醒你此时当适可而止，并且他知道，何时该重新调整你努力的方向，以便助你最终迈向成功。也许你的梦想并未像预期的那样顺利绽放，然而你所积累的某些创造力和想象力会帮你重新调整目标，将其最终与你一直以来梦寐以求的东西联系起来。

我可以毫不犹豫地对自己说，在我所从事的领域里我是最棒的，实至名归。但为了做到最好我不得不吸取大量教训，时刻准备变换方向，同时避免被别人对成功或失败的看法左右。

第一次得到教训时，我还是芝加哥伊利诺伊大学的一名篮球运动员，拖着撕裂的前交叉韧带，怀揣巨大的梦想。那时我恢复得很糟糕，臀部、腿部及膝部出了一连串的问题。而且我身上还有多个地方做过外科整形手术。当时我并未意识到，自己最大的弱势会变成最大的优势，历经几乎所有可能的伤病和手术之后，我竟然得到了应对同样问题的宝贵经验，并最终以此为那些顶级运动员服务。棒极了！

我是一名不错的球员，但还够不上NBA级别，只是当时我还不愿承认。首度受伤后，我满脑子想的就是继续打篮球。我并非极端的宗教徒，但当时对我来说撕裂的前交叉韧带仿佛就在向我传递一个信号："听着，为了继续打球，你已耗费了太多时间，而这根本不可能实现了。所以干脆断了膝盖复原的念头，尽早回归正途，专注于自己这一生该做的事情吧。"

与自己的梦想擦肩而过，任谁也不愿接受。我继续坚持打球，在那个伤病累累的膝盖上套上一副硕大的支架，竭尽全力想要克服伤痛和灾难性的康复治疗后遗症。

终于有一天，事情出现了转机：正当我在打联赛，有个我根本不认识的孩子走过来对我说："我还记得你以前打得很不错。"哦，明白了。那句话给我敲响了警钟，这个信号让我意识到我是在逼自己做一件成功无望的事。这孩子给出的差评，他无非点破了我早已知晓但一直不愿承认的事实罢了。此后我只打过一场选拔赛，那也是我的最后一场球。

是时候替当年的梦想找一个新的结局了。

学习，调整。如果受损的身体让我注定不能再打球，何不凭借自己的经验找出条新路。而我当时已经能够看到出路：我不想替球队服务，只想给自己打工，找某个球员过来，将他训练得比以往更加出色，那样我也同样可以在NBA中占据一席之地。

我想我做到了。

当然，让自己的梦想成为现实，我花费了比预期更长的时间。我一直紧盯着布拉德·塞勒斯和其他的公牛队员，给他们所有人写信，力荐自己的训练服务。没一个人给我回复。当时我认为迈克尔·乔丹是最不可能聘请训练师的，尤其是像我这样一个初出茅庐的训练师，因此我从未联系过他。

我从中学到一点：不要尝试，直接去做。

如今我教无数出类拔萃的球员照顾自己的身体，因为自从遇到前进道路中的第一个障碍起，我就拒绝承认失败。把别人眼中的消极因素转变为自己的积极优势。不着急不上火，更不缴械投降，盯着困难想，如果此路不通，那么铁定还有其他可行的办法。

告诉所有质疑你的人："我能搞定。"

不要寄希望于所有人都能理解或认同你的新计划。多数人不是耽于安逸就是惧怕摆脱樊笼，于是他们会习惯性地把所有的疑虑加到你头上。他们预料的是失败，而你期盼的是转机。当我决定涉足这一行时，所有人都说："哦，健身教练。"不是。"私人训练师？"不是。我不是私人训练师。

私人训练师只帮你在体育馆训练一小时，然后等你下次再预约。而我，一周7天、一年365天，都会夜以继日地帮客户训练。只要你需要我，我就会在你身边。你可以叫我建筑师，也可以称我为运动训练专家。犹如建筑师构建大厦，我由内而外构建一位优秀运动员的身体。如何帮你重塑肩膀？如何帮你塑造体格，让你比以往任何时候都更加强壮、更具耐力和力量？我是身体建筑师，负责打理你委托我打理的身体上的每一束纤维。

▲ 韦德和麦迪一起在阿泰克体育中心训练

▲ 格罗弗在指导阿里纳斯训练

　　完全关乎个人的选择，我会事先与我的运动员说明一切，让他们自行决定继续奋斗还是就此放弃。特雷西·麦克格雷迪曾面临一项为期18个月的膝部康复训练，他必须做出残酷的决定：放弃两年职业生涯，以确保自己的膝盖到了四十或五十岁依旧功能完好；还是赌一把，将周期缩减一半，练就一副超强的膝盖以确保自己获得一个完美的职业生涯，那不是我能够替他做的决定。

　　针对这些情形，我只提供备选方案，运动员们必须自行做出选择。选择稳扎稳打，你也可以很优秀。但除非愿意冒险一搏，否则你不可能得到跨越性的"进化"。稳扎稳打能够让你优秀，冒险一搏却能令你卓越。

吉尔伯特·阿里纳斯又是一个决心以身试险的人。我告诉他，你这个膝关节的屈曲度接近100度，3年后会缩至90度左右，7年后或许会缩至75度。吉尔问：确保能打球的最低限度是多少？我说在45度左右。他回答道，没问题，我可以。

我们知道，我们能让吉尔伯特百分百恢复，因为但凡愿意将自己的所有行李打包搬到芝加哥，花3个月时间接受我的魔鬼训练的人，必定早已把心态调整到位了。

那些重大抉择，最终将决定其成败与否。他们信任谁？医生必须提供完备的医疗解决方案帮助患者彻底康复，他们治标，我治本；球队和赞助商希望球员能尽早重返赛场；经纪人则在考虑该如何应对眼前的局面，以确保有利于锁定下一个合同；我，只关注伤病，与当事人沟通，为他提供方案，有的放矢，对症下药。

"这是导致你受伤的原因，那么我们就要解决这个问题，杜绝其再发生。何去何从，由你决定。"球员信任我，愿意为改变人生冒巨大的风险，这让我颇有成就感。金钱很诱人，却远不及帮助那些没

▲ 科比与乔丹的球场"厮杀"

多少时间可资拼搏的人脱颖而出有意义。

面对运动员,你必须有这样的意识,每天都要让他们感受到自己离职业生涯的终结越来越近,每天都面临离开还是继续战斗的选择。无论他们何时离开都能确保成功,这方面的工作我如何能强化?这也正是我寻求自身成功的所在。

他们都想让现有的一切成为永恒,视自己职业生涯的终点为某种损失,其实也不尽然。如果他们能让自己的身心提前做好准备,就没问题。

这话我和那些临近职业生涯尾声的球员们说过很多遍:让自己变得无关紧要只需一年时间。留下作为球员的影响力,但等到你每天起床之后无所事事的时候,那又意味着什么?

现在就得想清楚,别让自己变成又一个求关注的前NBA球员。别人不可能永远找你签球鞋广告,也只有为数不多的人能够去当教练或现场评论员。那么你将来要干吗?如何将自己卓越的职业生涯延续下去,让自己在接下去的数年里继续无人能挡。

现在就开始行动,因为等待只能让原本存在的选择瞬间溜走。别人也在追逐同样的梦想,在你抓着一套毫不管用的东西牢牢不放的时候,他们已赶到你的前头。

统治者知道何时该离开,该往何处去。从不匆忙奔跑,始终闲庭信步。他会以自己的方式不着痕迹地离去。他可以输掉一场战斗,因为他仍在策划赢得一场战役;输一场比赛,但得赢下整个赛季;输一个赛季,回头连赢三年;丢一份工作,再创造一份全新的事业。

关于他是否已然取得成功,别人根本无从下定论。他还需要别人定义他吗?

(节选自《野蛮进化》)

W1NNING
野蛮进化 ②

赢家法则

[美]蒂姆·S.格罗弗
Tim S. Grover
[美]莎莉·莱塞·温克
Shari Lesser Wenk
著

王正林
译

THE
UNFORGIVING
RACE TO
GREATNESS

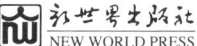

WINNING:The Unforgiving Race to Greatness by Tim S. Grover, with Shari Lesser Wenk
Copyright © 2021 by Relentless Publishing, LLC
Simplified Chinese translation copyright ©2022 by Grand China Publishing House
Published by arrangement with the original publisher, Scribner, Division of Simon & Schuster, Inc. through Andrew Numberg Associates Internaltional Limited
All rights reserved

No part of this book may be reproduced in any form without the written permission of the original copyrights holder.

本书中文简体字版通过 Grand China Publishing House（中资出版社）授权新世界出版社在中国大陆地区出版并独家发行。未经出版者书面许可，本书的任何部分不得以任何方式抄袭、节录或翻印。

北京版权保护中心引进书版权合同登记号：图字01-2021-7129号

图书在版编目（CIP）数据

野蛮进化.2,赢家法则/(美)蒂姆·S.格罗弗,(美)莎莉·莱塞·温克著;王正林译.--北京：新世界出版社，2022.8
ISBN 978-7-5104-7500-9

Ⅰ.①野… Ⅱ.①蒂… ②莎… ③王… Ⅲ.①成功心理－通俗读物 Ⅳ.① B848.4-49

中国版本图书馆CIP数据核字(2022)第107595号

野蛮进化2 赢家法则

作　　者：	[美]蒂姆·S.格罗弗（Tim S. Grover），[美]莎莉·莱塞·温克（Shari Lesser Wenk）
译　　者：	王正林
策　　划：	中资海派
执行策划：	黄　河　桂　林
责任编辑：	贾瑞娜
责任校对：	宣　慧
责任印制：	王宝根
出版发行：	新世界出版社
社　　址：	北京西城区百万庄大街24号（100037）
发 行 部：	（010）6899 5968　（010）6899 8705（传真）
总 编 室：	（010）6899 5424　（010）6832 6679（传真）
http：	//www.nwp.cn　　http：//www.nwp.com.cn
版 权 部：	+8610 6899 6306
版权部电子信箱：	nwpcd@sina.com
印　　刷：	深圳市精彩印联合印务有限公司
经　　销：	新华书店
开　　本：	787mm×1092mm　1/16
字　　数：	173千字　印　张：14
版　　次：	2022年8月第1版　2022年8月第1次印刷
书　　号：	ISBN 978-7-5104-7500-9
定　　价：	59.80元

版权所有，侵权必究
凡购本社图书，如有缺页、倒页、脱页等印装错误，可随时退换。
客服电话：（010）6899 8638

W1NNING
野蛮进化 ②
THE UNFORGIVING RACE TO GREATNESS

———— ★ ————

在我与这个时代最伟大的精英逐胜者共事的 30 多年经历中，从迈克尔·乔丹、科比·布莱恩特、德怀恩·韦德、查尔斯·巴克利等无数著名球星，到各行各业的 CEO 和精英成就者，我见过了赢的所有面孔，宽宏大量或者残酷无情。赢头一天戴着光环，第二天就露出獠牙。

我很荣幸得到了众多的支持——来自总统、企业家、CEO、运动员、艺人、医生和父母，以及各种各样的已经成功和渴望成功的人。每个人都在为成就自己而努力。

W1NNING
野蛮进化 ❷
权威推荐

迈克尔·乔丹　飞人、篮球之神
NBA 名人堂巨星、6 次获得 NBA 总冠军

  我认为蒂姆·格罗弗在体育训练方面的造诣首屈一指，他在我的训练计划中的价值是无法衡量的。他总是对一切都掌控自如，他的专业技能精湛，他比任何人都了解如何打造赢家。本书对于那些想在任何领域做到极致，并愿意为此付出代价的人来说必不可少。

德怀恩·韦德　闪电侠
NBA 巨星、3 次获得 NBA 总冠军

  蒂姆·格罗弗会帮你提升到下一个境界，告诉你如何在自己的领域内出类拔萃。我无条件地完全信任他。

斯科蒂·皮蓬　蝙蝠侠
NBA 名人堂巨星

  蒂姆·格罗弗依旧充满渴望而自信，他让他的运动员意识到无论他们具有多么优异的天赋，努力训练永远都是成功的唯一秘诀。

查尔斯·巴克利　空中飞猪
NBA 名人堂巨星

　　如果你需要为了某件事去奋斗——体育、生意或者生活，你就得看这本书。没有人比蒂姆更了解残酷的竞争、强者的本色及如何击垮你的对手。他是打造"赢家"的顶级大师。

哈基姆·奥拉朱旺　大梦
NBA 名人堂巨星

　　世界上没有比让一个运动员认识到自己的全部潜能更有意义的事，蒂姆·格罗弗的训练让我对自己的能力产生了极大的自信。

迈克·沙舍夫斯基　老 K 教练
美国 NCAA 千胜教头、美国梦之队主教练

　　蒂姆·格罗弗对人类领导力及杰出才能的洞察把伟大的球员带向巅峰，他在《野蛮进化》中告诉你如何突破常规的桎梏，相信自己的直觉并从此在追逐梦想的道路上一往无前，所向披靡。本书也能对你起到同样的作用。

帕特·莱利　神算子
NBA 传奇教练、7 次率队夺得 NBA 总冠军

　　我的全部执教生涯中，在激励并训练世界顶级运动员方面，我从来不想跟蒂姆·格罗弗以外的人合作。

马库斯·拉什福德
《卫报》2020年度足球先生

蒂姆·格罗弗的教导彻底改变了我的职业生涯，帮助我应对最高水平的体育竞技所带来的起起伏伏。

莎莉·温克
本书合著者

私人教练蒂姆·格罗弗对实现荣耀所需的严格要求的执着令人惊叹，他直言成功没有捷径……那些寻求为达目的不择手段式的自我提升方法的人会发现格罗弗的哲学鼓舞人心。

马冉冉
身心灵作家与导师、"方糖读书会"创始人

在我遭遇事业困境，极度怀疑自己的时刻，是蒂姆·S.格罗弗的《野蛮进化》，让我找到了内心深处的"本能之我"。我知道自己本自具足、无所畏惧。这次进化，让我有勇气跟随自己的灵魂，去创造事业的新景象。

当我阅读本书中的讯息，这又是一次灵魂的疗愈。如果你也从小习惯被打击"你还不够好"，我们就需要一同践行书中这句话："赢，是对自己抱有不可动摇的信心。"哪怕暂时输了，都要对自己抱有不可动摇的信心：我可以，我行，我足够强大。

前言

永远追逐赢！永不停歇！

科比·布莱恩特，我的朋友兼客户，在他因坠机意外离世的前一周，我们通了最后一次电话。

我们有很长一段时间没有通话了，却未因彼此联系过少而内疚。我们偶尔会发短信问候一下，尽管彼此都很忙，但一切都好。

我们本应有足够的时间来叙旧。

自 2016 年退役以来，科比看上去比他做球员时还要忙碌。他可能不会像我们一起训练的那些年一样，每天凌晨 4 点去健身房练习投篮。在那些时刻，每个真正的逐胜者都被黑暗和孤独萦绕着，但他仍不断为新的征程付出努力，追逐自己认定的事情，永不放弃。

他已经获得了奥斯卡奖，推出了一系列儿童畅销书，创作了几部电视作品。他乘坐的直升机坠毁的那天，他正要去给女儿吉安娜（Gianna）的篮球队当教练，他们父女二人和同机的其他 7 人不幸遇难。终其一生，他从未放慢脚步，始终鞭策着自己取得更多成就。

"到终点再休息，"他会说，"不要躺在半路上。"

2009年NBA总决赛期间，有记者问他，湖人队已经领先奥兰多魔术队两场了，他为什么还不高兴。科比给了一个他标志性的曼巴眼神，然后说："Job Not Finished！"（比赛还没结束！）

这几个字完全概括了他。

在与科比的最后一通电话里，我们聊了一会儿，打算在即将举行的芝加哥全明星赛上见面。但这样的会面，今后再也不会有了。

我们的那通电话是这样结束的：

"你还好吗？"我问。

"是的，我很好。永远追逐赢！永不停歇！"

这些话我听了一遍又一遍。

永远追逐赢！

永不停歇！

赢让你站在最大的舞台上，
但它却关上了所有的灯

科比的人生是由一连串的胜利组成的，被对赢永不满足的渴望所驱动。你越是告诉他做不到，他就越想做。他必须知道为什么、什么时候、多少、多久……每一个细节对他而言都很重要。他不会只是骑自行车，而是一定要在最炎热的沙漠里骑，以向自己证明他可以。他从不只是简单地观看赛后录像，而是一帧一帧地分析每一个动作和每一个细节。在全明星正赛中，其他人都不知道他鼻子受伤了并伴有轻微脑震荡，他却仍坚持比赛，只为了体验在这种情况下打球的感觉。他不会只是打电话问候他的朋友兼偶像迈克尔·乔丹，他甚至会半夜向乔丹请教，如何让自己进步百万分之一。他所做的一切，无论是在篮球上还是在生活上，都体现了他对赢的渴望。作为运动员、父亲、创作者和梦想家，他一遍又一遍审视过往的辉煌成就，并提出了更高的要求：更多成功、更多胜利、更多赞美、更多陪伴家人的时间。

用更多的时间去成就他的伟大事业！

一直以来，赢都对科比说"是"，但在2020年1月26日，它终于说了"不"。

我知道这听起来很刺耳，但无法辩驳。

赢不会向你道歉，也不会对你解释。它会为你举办派对，却不通知你时间和地点，最后又把账单塞给你。赢倒掉了你庆祝的香槟，甚至打翻了盛满香槟的酒杯。当你伸出手去和它握手时，它却不知道你是谁。赢让你站在最大的舞台上，但它却关上了所有的灯。

在我与这个时代最伟大的逐胜者共事的30多年经历中，从迈克尔·乔丹、科比·布莱恩特、德怀恩·韦德、查尔斯·巴克利等无数著名球星，到各行各业的CEO和精英成就者，我见过了赢的所有面孔，宽宏大量或者残酷无情。赢头一天戴着光环，第二天就露出獠牙。

你无法判断赢的真实面孔到底是哪一个。

你只能追逐它，而只有当你愿意付出代价时，才能短暂地抓住它。

赢是一个你醒来就忘却的梦

我们每个人都有赢的能力。对一些人来说，赢是他们第一次获得的冠军；赚到的第一笔一百万；开辟的一项新业务；拥有的一套新房子。对其他人来说，赢可能是完成一次锻炼；完成学业；把孩子送入大学；买第一辆车；一整天不抽烟；结束一段糟糕的关系；要求一次加薪；甚至是在别人之前抢到了最后一个空车位，然后停车就走。

从早上睁开眼的那一刻起,你就应该脚踏实地。

赢无处不在。每一分钟,你都有可能发现一个赢的机会,鞭策自己,放弃不安全感和恐惧感,停止听别人说什么,决定把握当下这一刻。不仅仅是这一刻,也是下一刻,再下一刻。不久之后,你就成了人生中每一个小时、每一天、每一个月的主人。周而复始。

这样你才能赢。

赢不会立马发生。对我的运动员来说,赢是从休赛期的第一次训练开始,直到冠军赛的最后一秒,并将持续到下个休赛期的第一次训练。对于我的商业客户(他们的时间表比任何运动员都要严格)来说,赢始于一系列无法预测的对手,没有淡季、没有剧本,也没有暂停键,而非正式的"计分员"和"裁判员"还在不断地改变游戏规则。对每个人来说,无尽的挫折、挑战、障碍、失望和问题,迫使大多数人退出赢的这场比赛。

但是如果你能坚持下去,如果能在过度的想象中生存下来,如果你能忍受恐惧、怀疑和孤独……那么,赢想和你谈谈。

赢是对自己的终极赌注,是对未来的幻想和为了未来奋不顾身地努力之间的区别。

赢驱使你前进。每次你前进,都可以听到身后铁门关闭的哐当声。它们是真实的,是你挣来的。现在你不能回头,只能往前走。你不能忘记你学到的东西,更不能忽视你的感受。

赢从不说谎,但它总是隐藏真相。它告诉你想要的一切就在眼前,然后在你面前笑着关上了门;它告诉你所有的目标和梦想都是不可能实现的,然后嘲笑你继续前进。你更进一步、又进一步、再更进一步,到达一个可能并不存在的不确定的目的地。

赢是疯狂的,它毫不疲倦,也不明白你为什么要睡觉。

赢拒绝与你生活中的其他人分享时间或空间,就像一个嫉妒心极强的情人要独自霸占你。这是一种强烈的执念，在别人看来是不理性的，而在你看来却是完美的。

赢是无情的。如果你搞砸了，如果你躺下，如果你表现出软弱，你就完蛋了！

赢让你看到最好的你，以及最坏的你。

赢把双手放在口袋里，这样它就不会意外地指向某个不值得的人。

赢让你在阳光下暴晒，看着你在热浪中晒得"起火"。

如果你成功到达了顶峰，赢会张开双臂欢迎你，然后把你推下去，给别人腾地方。

这是你的终极真实性检查，一个灼热的提醒——你到底是谁，你假装的是谁，然后迫使你调和两者之间的差异。赢是带着你去天堂，一整夜相伴却在黎明之前消失的爱人。赢是一个你醒来就忘却的梦。

赢对任何事都毫无歉意。有朝一日，你会被取代，也将被取代。

这是通往天堂的路，却由地狱之门起步

我知道在像这样的书中，"专家"给你提供"步骤"是很常见的。(5个简单步骤！10个秘密的步骤！我刚刚为这本书补充了20个步骤！)

真的吗？

你无法购买到通往山顶的地图，如果可以的话，大家都能抵达山顶。

事实是，他们不能！

通往赢的步数是无限的，而且在不断变化。前一分钟你还能看到往前的下一步，下一分钟它就变成了流沙。大多数人看到下一步消失的时候已经太晚了。他们被卷入流沙中，然后放弃。

赢不在乎你能否沿着这些脚步走——任何人都能做到。它想知道当

你错过这一步时，当你看不到或感觉不到你的下一步时，会发生什么。这个时候你必须相信自己，相信你的感觉，而不是相信你所看见的。

有时你一次走一步，有时同时走两步。有时候你会感觉很好想来个冲刺，有时候你会四肢着地喘着粗气，希望自己从未参加这场比赛。你会跌倒，然后失去刚刚才得到的一切。

当你终于取得一些进展时，后面的路更长了。你鞋里有颗小石子，每个脚趾上都长了水泡，你的肺要炸了。每一天都如此，该死的每一天！

10 步？

那不是很好吗？

"10 步"是一种简化和推销成功的便捷方法，但几乎没有效果。

2013 年，我写了一本名为《野蛮进化》（*Relentless*）的书，讲述的是精英人士的心理支配和性格特征，以及他们如何思考、行动和制定策略。我把这些人称为统治者（Cleaners），如果你读过这本书，你就会知道统治者有很多特点，但所有的统治者都有一个共同点：拥有不断实现最终结果的能力。他们不只是打了一场精彩绝伦的比赛，或当选了一个重要的月度最佳球员；他们还有着为其他人树立标杆的成功职业生涯。他们带领各自的球队，闯进季后赛进而挺进总决赛，最后赢得总冠军；他们把自己的生意，从零开始发展到具有百万、千万，甚至上亿营收的规模。不需要别人告诉他们怎么做，他们就会自己想出办法，执行，并循环往复。

我很荣幸得到了众多的支持——来自总统、企业家、CEO、运动员、艺人、医生和父母，以及各种各样的已经成功和渴望成功的人。每个人都在为成就自己而努力。你最常听到的话是什么？

"我以为只有我一个人如此。谢谢你告诉我，我没疯。"

你没有疯。还有很多人站在你身后。

但偶尔的批评也激起了我的兴趣:"这本书没有告诉你应该做什么!"

这就对了。为什么你想被告知应该做什么呢?

我不会告诉我的客户"要野蛮进化!"或者"你可以的!"他们能感觉到,他们也了解。牛人们也会摔倒,跌跌撞撞,气喘吁吁,和你没有两样。但他们还在继续,因为他们已经知道,在某一时刻,他们脚下的路障会自己移开让路。他们已经准备好了;他们相信还有下一步要走,即使他们看不到。他们不考虑痛苦和牺牲,只是盯着最终的结果——赢。他们坚持在这条路上,不断追逐伟大。

回想过去的几年,我所有的客户都在追逐某样东西:一个纪录、一份薪水、一份遗产、一个幻象。

乔丹追逐不朽,并抓住了它。他将永远活着。

科比也将永远活着,他也追逐不朽。但在他抓住不朽前,不朽已经抓住了他。

你在追逐什么?

追逐你的又是什么?

如果你能接受牺牲、压力、批评和痛苦,如果你能学会盯着结果而不是总关注困难;你就可以追求赢,为赢而战,捍卫你抓住赢的权利。

但我不会告诉你该怎么做。我将向你展示一幅极其真实而原始的画面,告诉你如何克服那些阻挡你,让你慢下来甚至威胁到梦想实现的障碍和挑战。我提供的行动计划既能让你赢,又能让你把握住不屈不挠的心态,二者缺一不可。这是伟人们的控制和生存之道,你也能做到。当你读完这本书,不用我指导你便知道该怎样去做了。

2020年4月,ESPN(美国娱乐与体育电视台)和Netflix(美国奈飞公司,简称网飞,是一家会员订阅制的媒体播放平台,总部位于美国加利福尼亚州洛斯盖图,成立于1997年。——译者注)播出了人们期待已久的纪录片《最后一舞》(The Last Dance)，讲述了迈克尔·乔丹和芝加哥公牛队共同争取第6个，也是最后一个总冠军的故事。作为指导了乔丹15年的教练，我也出现在接受采访和参与该系列活动的人群中，我觉得这是一种荣誉。对许多人来说，这是一次生动的怀旧之旅。通过视频、照片和对伟大球员的采访，来讲述从未曝光的故事，讨论尚未完成的事业，算算当年的旧账。对另一些人来说，这是一出苦乐参半的戏剧，讲述了一个不惜一切追逐卓越的故事。毫不犹豫、绝不止步、永生难忘！

对于那些有过《最后一舞》经历的人来说，这部片子只关乎一件事——赢。那些年成为我及我们这个时代最伟大的运动员一起开拓职业生涯的舞台，也是我今天与体育、商业甚至各行各业的成功人士一起工作的基石。不管他们多么难以捉摸，他们都是永不停歇地追逐伟大的人。30多年来，我见证了最高水平的赢，也经历了无法感同身受的失败。我见过赢家输，输家赢。这两个极端我都经历过，而我将继续追逐！

你也要继续追逐！

让我带你进入精英们残酷的竞争世界，并向你展示那些在任何GPS上都找不到的道路，那里没有地图、灯光，更没有人行道。

这是通往天堂的路，却由地狱之门起步。

你被选中了，不是靠别人，而是靠自己。

欢迎来到赢家世界！

W1NNING
野蛮进化 ❶

目　录

绪　言　赢家的 13 条法则　　　　　　　　　　　　001

第 1 章
赢家没有思维定式　　　　　　　　　　　　　　　011

第 2 章
赢需要你保持专注，别让思维被扰乱　　　　　　　025

第 3 章
赢是对自己抱有不可动摇的信心　　　　　　　　　039

第 4 章
赢不想你被不良情绪左右，夺回情绪的控制权　　　055

第 5 章
赢是你的工作，为自己努力　　　　　　　　　　　069

第 6 章
赢需要你完全投入，生活没有平衡可言　　　　　　081

第 7 章
赢想让你用结果说话，而不是为自私道歉　　095

第 8 章
赢带你走入天堂，也能将你带入地狱　　109

第 9 章
赢希望你不屈不挠，打破至暗时刻　　121

第 10 章
赢需要你接纳自己的漆黑面　　135

第 11 章
赢家形象不是靠谎言堆砌起来的　　147

第 12 章
赢家世界没有终点，你需要永远在冲刺　　159

第 13 章
赢，远不止于此　　171

附录 A　你的下一次赢在何处？　　181
附录 B　13 条"赢家法则"影响的"精英逐胜者"　　183
致　谢　　187

W1NNING
野蛮进化 ❶
绪　言

赢家的 13 条法则

如果你是那种需要"打起精神"的人……

如果你通过大喊"开始吧!"和"你可以的!"来激励自己和他人……

如果你经常在社交媒体上宣示你将要"碾碎它"、"杀死它"和"搞定它"……这会很痛苦的。

我并不在乎,我只是想让你知道:

赢有自己的语言,从不废话。

不是每个球员都是"传奇"或"野兽",不是每个事件或每次采访都是"史诗"或"改变人生的"。在赛季首场比赛中表现出色的运动员,并不一定会成为联盟或其他人的"麻烦"。不是每个开法拉利的人都"要火"。

赢需要真正的交谈。有时,它甚至不说话。

例如:在赢的语言中,没有关于动力的讨论。动力是入门级的,就如同吃很多糖霜带来的短暂满足。动力是一股令人难以置信的人为力量,激情和贪婪的能量。就在能量消失之前,你突然把脸贴在冰冷的地板上,思考着到底发生了什么。

那些还没下定决心去实现目标，或还未决定愿意为之投入时间、努力和生命的人，动力是为他们准备的。我不是在估算他们赢的概率——有些人可能破产了、失业了、体重超重了，或者处于一个糟糕的情况下，但极有动力去改变。我说的是，他们需要他人严厉地督促自己行动。

我不与需要别人督促的客户合作。如果你来找我，我要知道你已经对自己下了狠心，并且准备接受更多挑战。同样，我并不是一个"励志演说家"，我不写励志书，我更不想"激怒你"——那是你的工作。我的工作是建立在你的成就之上，助你实现最大的成就。那么，我想用一种能让你更好理解的语言与你交流。

这就是赢的语言。

因此，如果你期望这本书是关于冠军戒指、奖牌、奖杯及墙上的荣耀奖章；如果你来这里是为了听"你能行！"和"人人都是赢家"的诗歌，那么你选错了书。这里没有"友谊奖"或"参与奖"。仅仅"出场"是没有奖励的。

这是你在通向伟大的道路上要经历的。你双手沾满了鲜血，和一个隐形的幽灵拔河拉锯，你的脚踝上都是烂泥，周围都是想把你埋进烂泥里的人。你承受着难以忍受的孤独和疲惫，以及对未来的强烈恐惧……

这听起来不正常，但正是我的职责所在。问问那些曾经赢过的人，无论是在体育比赛中、商业中，或任何你必须与他人竞争的地方，他们都会告诉你同样的话：

赢是不正常的。如果你要变得正常，如果你需要融入，那就准备好长期待在人群中。

赢要求你与众不同，而与众不同会让人恐惧。你担心别人会说闲话，给你带来某种长期影响；你会考虑到将要做出的牺牲；你会失眠；你的家人会生气（这事我可帮不了你）……对你的生活方式和必须做出的选择来说，没有什么是"典型的"。赢在我们心中，但对大多数人来说，它会停留在那里，终生被困在恐惧、担忧和怀疑之下。

在通向伟大的比赛中没有规则能保护你。没有什么你不会输、你不会受伤、你的努力不会白费。没人能保证它是"公平的"，因为很可能不公平。你会输的，你甚至会输给一个没你努力的人；你会因为一通糟糕的电话，或一场表现不佳的比赛而失去工作，而其他人将得到这份工作；一场突如其来的疫情也会毁掉你的赛季、你的银行账户、你的事业。

然而，这场比赛最终的奖品是如此引人注目、如此令人上瘾、如此华丽无比。我们不停地奔跑，不停地跌倒，不停地牺牲，不停地追赶。

赢将尽一切可能躲开你，但如果你抓到了它，如果你在那张华丽的桌子上赢得了一个席位，你就可以参与到谈话中来，请做好准备接受两件事情：①赢会给你一把不舒服的椅子，一把断了一条腿的椅子；②你最好能说它的语言。

你谈论赢的方式关乎你是否能实现它，并保持住。

你想参加我给客户的赢的词汇测试吗？它很简单：

用一个词描述赢。

就是这样。赢对你来说是什么感觉？它代表什么？

一个词。花1分钟写下你脑海中出现的第一个词。你可以说实话，这是你和你自己之间的事。我不会因此而奖励你。

我曾问过无数运动员、商业人士及其他与我共事的人，他们的回答总是很有启发性。下面是一些最常见的答案：

光荣、愉悦、成功、统治、成就、权力、满足、欢呼、太棒了、很神奇。

不错的答案。如果你的答案在上面，你就符合大多数人的要求，如果他们是你想成为的人。当然，任何人都可以适应，只有卓越的人才会脱颖而出。让我和你们分享一些我从伟大人物那里听到的答案。不仅在体育界，在商界也一样：

野蛮、困难、讨厌、粗鲁、肮脏、粗糙、无情、毫无悔意、不受约束。

科比："一切。"

有些人会默默发呆，思考这个问题的严重性；有些人情绪激动；有些人只是摇头。你该如何定义一件消耗并定义了你整个人生的事情？

我从没问过迈克尔·乔丹，但他还是在《最后一舞》中回答了。在这一刻，他总结了他所学到的一切，他为之努力的一切，他所知道的、他与赢的终身伙伴关系的一切。他的回答很长，但每一个词都精彩万分：

> 我拉起那些不想被拉起的人。我挑战那些不愿被挑战的人，我赢得了这个权利，因为追随我的队友们无法忍我所忍。一旦你加入了球队，你的生活标准就得和我打球的标准相同，因为我并不会降低标准。
>
> 如果这意味着我要在你身后推你几下，我会这么做。我的队友们承认："关于迈克尔·乔丹的一件事，就是他从不要求我做他没做过的事。"
>
> 当人们明白了这个，他们会说："嗯，他不是一个真正的好人，他可能是一个暴君。"好，这就是你。因为你从来没赢过。我想赢，但我希望他们也能赢。
>
> 听着，我没必要这么做。我这么做只是因为我就是这样的人。这就是我打比赛的方式。这就是我的心态。如果你不想那样做，那就别做。

然后是《最后一舞》采访中那个著名的静止瞬间。那个毫无歉意的时刻对他来说过于残酷了，他不得不暂时离开采访现场，以控制自己的情感。事实上，拍摄才刚开始一个小时。

是的，赢是光荣的、不可思议的、强大的、令人敬畏的。所有这些，没有人可以否认。但如果你认为这就是全部，那么就像乔丹说的，你从来没有赢得过任何东西。

这是他成为史上最伟大的球员之前，从其他球队那里得到的惩罚。多年来，他所做的一切，都受到了无情的压力和密切关注。他一心一意地专注于一件事：赢得冠军。不仅仅是为他自己，也是为他身边的每个人。

科比跟腱撕裂后，拒绝去更衣室，直到他投中了两个罚球。"臭名昭著"的凌晨4点篮球馆投篮之旅，科比一次又一次地投篮，直到掌握了前一晚比赛中错失的投篮。他在黑暗中独处无数个小时，回忆着每场比赛和练习。

2008年，韦德领跑得分榜，并帮助美国男篮赢得了奥运金牌，这是在他经历了膝盖和肩膀的手术后发生的事情。这种手术可能已经结束了大多数球员的职业生涯，但这之后他又赢得了两个NBA总冠军。拉里·伯德（Larry Bird）在背部受伤后坚持打球。

所有乔丹时代的伟大球员——查尔斯·巴克利、帕特里克·尤因、多米尼克·威尔金斯、约翰·斯托克顿、卡尔·马龙、克莱德·德雷克斯勒——都意识到只要乔丹还在场上，他们就不可能赢球。

如此无情的比赛。赢可以是光荣的，但它也可以毁了你。

想想最伟大的成就者、赢家、统治者。想想自己，到底经历了什么才走到今天这一步？你面前还有什么，哪些是看得见的或看不见的？这一切看起来都像是荣耀和赢吗？如果是，你的比赛就结束了。我祝贺你。现在请让开，因为我们其他人还有工作要做。

再看看"赢"的定义：

野蛮、困难、讨厌、粗鲁、肮脏、粗糙、无情、毫无悔意、不受约束、一切。

　　如果这描述了你的旅程，以及你如何实现目标，那我们说的是同一种语言。

　　这本书是关于自我磨砺而不是如何让自己看上去光彩照人。对你来说，如果你的形象比结果更重要；如果你需要用某种特定的外表和行为，来给别人留下深刻印象；如果"假装成功"是你的成功策略；如果你需要别人的认可来做自己，那么你就要奋斗了。

　　如果我们有幸共事，我不需要你彬彬有礼，我要你强硬起来。有韧性、专注、真实。我想让你保持完全独立的人格，相信自己的声音和本能，保护自己不受自己和他人的伤害。我想看你展示你通往成功的道路上最重要的肌肉，除了你，没人看得到它。在这方面，我们会做很多工作。

　　我要你穿一件特氟隆外套，这样什么东西都不会粘在你身上，什么也不会进入你身体。你越是允许别人惹怒你，你的保护层就会磨损得越厉害，直到坚硬的外壳变软变弱。因为每一条评论都像是批评，每一个批评都让你备受打击。不用说，赢对软弱和懦弱是零容忍的。

　　伟大球员知道如何在某些需要的情况下换上不同的面孔，并在重要的时刻卸下伪装。乔丹彬彬有礼、温文尔雅，对赞助商、观众和采访者说着合时宜的话。但是当他处在自己的环境里，在体育馆、在球场上，真男人就出来了。他会用所说所做来传达他的信息，不受拘束，不受限制。

　　赢会点燃一种自我意识，使你意识到别人在看着你。当没人认识你，也没人注意你的时候，低调神秘的行动会容易得多。你可以搞砸、变得粗暴、变得肮脏，因为没有人知道你在那里。但是一旦你开始赢，别人开始注意到你，你就会突然意识到有人在观察你。你正在受别人评判，担心别人会发现你的缺点和弱点，并且开始隐藏你的真实性格，这样你就可以成为一个好榜样、一个好公民和一个受人尊重的领导者。这没有错。但是如果你以做真实的自己为代价，做出取悦他人而不是取悦自己的决定，你将不会在那个位置上停留太久。

当你开始为自己的身份道歉时，你就停止了成长，也就永远地失去了赢的资格。

你越赢，别人就越会试图抑制你的成长，告诉你慢下来，留在你的车道上。他们会试图让你留在这条车道上，控制你。

但赢的关键在于任选一条车道，在需要的时候变换车道，以同样的技巧驾驶在每一条车道，并配备没人预料到的额外装备。

赢家所讲的语言，对于没有经历过的人来说，根本讲不通。快速的一瞥、冷酷的凝视、翻白眼、时而的沉默。你解释不了，也教不了。但当你知道时，你就明白了，这不是你用来广播或炫耀的东西——"嘿！我野蛮！也不羁！"——因为如果你要告诉别人，那很可能不是真的。但如果你愿意放手，体验你自己的野蛮，那种毫无歉意、不受抑制的力量，它就存在于你的内心深处。

在我看来，赢是所有这些词甚至更多。正如你将看到的，在一片混乱中，赢非常平静。它可以是世界上最大的快乐，也可以是最孤独的感觉。不是每个人都这么想的，你也不必这么想。我认为真正的赢家理解的经验，不是欢呼和庆祝，而是对刚刚发生的事情的惊人认识。

你追求这个伟大的东西，这个难以捉摸的结果。你抓住了它，稳稳地抓住了。乔丹在地板上哭泣，科比独自抱着奖杯待在角落里。一个10亿美元资产帝国的CEO，也会对着他创业时的第一张办公桌、一张厨房里的餐桌，回忆起这一路都是如何走来的。没人知道你都经历了什么，才到达那里。没人知道你要做什么，才能再次到达那里。

我之所以告诉你们这些，是因为当我坐下来写这本书的时候，我自己也做了测试，开始写下我自己对"赢"的定义。

我思考着自己生活中每一部分的得失：作为一个和父母一起来到美国的孩子，目睹了他们为家庭做出的牺牲和决心；当我还是个孩子的时候，我就梦想着能在 NBA 打球，我因受伤而失去了梦想，我承认我不够好；作为一个年轻人，我的愿望是帮助职业运动员，让史上最伟大的竞技者成为我的第一个专业客户；作为历史上最伟大的冠军的训练师和教练；作为世界上最受尊敬的运动品牌企业的 CEO；作为一个作家和演说家；最重要的是，作为一个父亲！

赢一直是我的良师益友、我的刽子手、我最大的盟友和最可怕的敌人。赢是一个由无数块碎片拼凑而成的拼图，想拼好并不容易，其中一些可疑地丢失了，也没有图片显示其完成后的样子。赢是一个充满欲望、贪婪和无法满足的饥饿的黑洞；一个没有心的情人，吸引你，然后告诉你，它又回到市场去找别的情人了。

我盯着赢的眼睛看得够久了，它眨着眼，转过身来。我曾愚蠢地说："明年见！"结果只听到它轻轻地说："走着瞧吧！"

我已经知道它可以为人们做什么，以及带来什么。它为你做过什么呢？它给你带来了什么？

乔丹很少谈论这件事，科比甚至从来不谈。但他们私底下经常与我交谈，告诉我那些在采访或儿童读物中没有读到的东西。我仍然在研究他们俩，并经常在脑海中继续这些对话。

我问了你关于赢的定义。现在我把我的定义告诉你。

赢的定义有 13 个方面。如果你读过《野蛮进化》，你可能会记得我喜欢用数字 13，因为我不相信运气，赢也不相信运气，赢相信赢！

你可能还记得，我的清单上的所有东西都以"1"开头，因为当你开始排序时，会以 1—2—3—4 等顺序来进行。在美国，人们认为 1 是最重要的，2是不那么重要的，其他的都只是填在清单上凑数的。所以每条我们都以1开头，你可以以任何顺序阅读它们。

 赢家的13条法则

1. 赢家没有思维定式

1. 赢需要你保持专注，别让思维被扰乱

1. 赢是对自己抱有不可动摇的信心

1. 赢不想你被不良情绪左右，夺回情绪的控制权

1. 赢是你的工作，为自己努力

1. 赢需要你完全投入，生活没有平衡可言

1. 赢想让你用结果说话，而不是为自私道歉

1. 赢带你走入天堂，也能将你带入地狱

1. 赢希望你不屈不挠，打破至暗时刻

1. 赢需要你接纳自己的漆黑面

1. 赢家形象不是靠谎言堆砌起来的

1. 赢家世界没有终点，你需要永远在冲刺

1. 赢，远不止于此

这是我所知道的。

赢会让你付出一切，如果你愿意付出，你将得到更多回报。别费事卷起袖子，把那些该死的东西扯下来——做别人不愿做或不能做的事。它们并不重要。你是孤身一人。

不要害怕你会成为怎样的人。你更应该担心自己不会变成那样。

如果你不相信这一点；如果你认为自己还没准备好或不配获得赢；如果你不愿意致力于自己的赢，你就从来没有赢过，你可能也不会赢。因为赢家都明白：要付出代价，而且你必须付出。

W1NNING
野蛮进化 ❷

第 1 章
CHAPTER 1

赢家没有思维定式

你拒绝受限；不动声色而又坚定有力地采取一切有助于实现目标的行动；你对成功贪得无厌、迷恋上瘾，它定义了你的人生。

当我训练迈克尔·乔丹的时候，我们制定了一个时间表，让他在比赛日进行体能训练。这在当时是闻所未闻的。每个人都对我说："在比赛日训练体能？你会搞砸他的投篮！他会疲惫！他的运动能力会下降！"

体能训练会降低你的运动能力？

我们有不同的看法。试想，他每周打 3～4 场比赛，再加上旅行、训练和休息日。他什么时候才能进行体能训练？没人能回答这个问题，因为在那个时候，日常的锻炼还未在 NBA 流行起来，也不是什么重要的事情。很少有球员进行体能训练，特别是在赛季期间，也没有人从组织外请人来训练他们。当迈克尔·乔丹雇用我的时候，他是第一个决心在比赛日也要进行体能训练的球员。

记住，他雇用我是为了帮他的身体进行更高强度的肌肉和力量训练，因为他知道，这能帮助他战胜球场上更高大更强壮的对手。随着比赛水平的提高，他面对的每一个对手的身体强度也在提高，他意识到要达到下一个水平并赢得比赛，他必须做一些不同的事情。公牛队有自己的球员训练计划，但他想要也需要更多。

他是我的第一个职业运动员。这个世界上最伟大的篮球运动员，和一个从未训练过职业运动员的教练一起工作？不可能吧！疯了吗？也许吧！但疯狂加上愿意冒险一试的勇气是制胜的"秘密武器"，我们都有一个令人印象深刻的疯狂"武器库"。

如果你像其他人一样思考、行动，遵循相同的条例、传统和习惯，猜猜会发生什么？你就会和其他人一样！

每个人都想成为乔丹，乔丹不想和其他人一样。这就促使我们决定在比赛日进行体能训练。

如果我们的目标是让他不断增肌，变得更强壮，以及减少受伤，保证他的运动生涯长久。在此前提下，若是他每次比赛前都忽视训练，结果将会与我们的目标背道而驰。相信我，我对他进行了研究和测试，观察了每一个可能影响他表现的变量。我们保持每个比赛日的状态一致：进行相同的锻炼，锻炼相同的肌肉，考虑了可能影响投篮和耐力的因素，并尽可能多地消除它们，这样他的身体就能在相同的条件下比赛。无论比赛日程如何，这已经成为他日常生活的一部分，以至于当我们训练不顺时，他会察觉到异样并说："这感觉不对劲。"

最重要的是，这样的训练对他来说是有效的，而且效果显著，所以我从不回应那些说这根本行不通的人。我们的行动从来都不是为了与众不同而与众不同，或是为了引起公众的注意，或是为了看起来聪明和前卫。主动思考与被动思考之间是有区别的。

赢家运用他们的思想和经验，创造出新的伟大境界。我指的不只是运动员，还包括商业、娱乐、科学、技术、教育、医学、育儿等各行各业的创新者和开拓者。在微软成立的前5年里，比尔·盖茨亲自检查每一行代码；亚马逊创始人杰夫·贝佐斯把书从他的车库里运出来；莎拉·布莱克利（Sara Blakely，美国女商人、企业家和慈善家，美国内衣公司Spanx的创始人。——译者注）剪断了她的裤袜；埃隆·马斯克凝视火星。他们不害怕思考,也不担心别人会如何看待他们的"疯狂"想法。关于打破思维定式的废话就是:胡说。赢家没有思维定式,他们看得到可能性。他们用自己的决定、成功与失败作为跳板,来提升自己的思维和成就。

每一项伟大的创造和发明,都源于那些懂得如何独立思考,并不让别人告诉自己该怎样思考的人。如果你想进入精英阶层,这就是你需要与众不同的地方,你需要独立思考。如果你完全按照教科书来做,如果你总是按照"正常"的方式做,你可以做得很好。但如果出现一个小故障,或者教科书上没有涉及的不可预见的问题,那你怎么办?当一切都不"正常"时,你该如何处理?人们喜欢在困难时期谈论"转向"(快速转向不同的方向),你必须转向某个方向然后继续前进,但你不能为了转向而不断地转向。除非你知道如何独立思考,否则只能一直来回转动,这样或那样,等着有人来救你。等着别人告诉你该如何思考。

如果我给你一张纸,上面有一千个点,让你把它们连起来,你会如何应对这个挑战?你能想出一个可辨认的东西吗?你会做出随机的形状和设计吗?它看起来是否像个疯狂的涂鸦?你能把它撕了吗?

这些点就是你通往成功的地图。你可以走直线,可以画出自己的路线,也可以漫无目的地游荡。你可以问别人如何到达你要去的地方,你也可以退出。

对于我来说,这些点是用来观察赢家如何行动的,并以此来弄清楚怎样改善他的行动。我知道别人怎么看他,我能换个角度看待他吗?我能带他去另一个方向吗?我能让他飞吗?这就是我在这些点上看到的艺术作品,这是我从别人那里学到的,并用我自己的知识提升的结果。我知道已经有张照片告诉我该怎么做了,但我不想那样,我想创造我自己的作品。

赢在注视着你，看你是否有足够的自信和勇气相信"与众不同"不是错的。这是自己点火和等别人帮你点火之间的区别。对我来说，好奇心是点燃火焰的火花。我有盯着别人看的习惯，这并不是我无礼，而是为了学习和了解他们。我知道这么做会让别人不舒服，这并非我本意，但我相信这会让我做得更好。我宁愿仔细观察别人，也不愿听信别人的话。

你在问问题吗？你是否能像你小时候那样，让你的思绪徜徉在新的可能性和场景中，不管它们看起来多么遥不可及？孩子们了解好奇心，他们看到一些有趣的东西，就必须玩它、吃它、扔它……他们无法置之不理。在那几分钟里，这是他们所知道的最美妙的事情，直到一个成年人过来把东西拿走。他们一个接一个的问题，终于令大人们无法忍受，让他们闭嘴。

在我和迈克尔·乔丹刚开始熟络的时候，我想知道的太多了，有太多需要向他学习的东西。我什么都问，直到他最后说："伙计，你问的问题太多了。"可我还在不停地问。我已经知道该怎么看待他，也知道其他人怎么看待他，但我还需要知道更多。

科比也做了同样的事情，他会在半夜给乔丹打电话或发短信，问他是如何对付某个球员的，他是如何处理场上情况的，他对一些事的看法。乔丹总是回答他的问题，帮助他学到更多。顺便说一下，这是伟大人物共有的一个显著特点：**他们想要传递他们的知识，让后辈能从中受益。**

这就是竞争和赢的区别。

我总是从我的企业客户那里听到这样的话："我们知道如何竞争，但现在我们要学会如何赢。"这两件事并不总是一样的。

当你知道该思考什么的时候，你就准备好去竞争了；当你知道如何思考时，你就准备好去赢了。你所受的教育教会你该思考什么，生活经验教会你如何思考。在学校，你先学习再测试，但在生活中，考验先于学习。教练和老板告诉你该思考什么，工作告诉你如何思考。你的父母告诉你该思考什么，而你成年后的经历会教你如何思考，前提是你一直拥有一颗愿意学习的心。

如果你遵循制作完美巧克力蛋糕的食谱去做，你会得到一个完美的蛋糕，因为它告诉你该怎么做。但做了几次之后，你也许会开始想办法让它更完美，所以你改进了食谱中的某些配方。你是对的，做出的蛋糕更好。这就是如何思考，而不是思考什么。

你可以走进一家大型连锁餐厅，点一份通心粉和奶酪，然后你完全有信心，你会在其他上百家餐厅找到同样的美食，甚至制作方法都完全一样。如果你负责准备一道美食，身边有一套现成的美食系统，它有着烹饪流程和指南，你就会遵循这套系统去烹饪，而不是想用更好的方法使它更美味。厨艺大师们有无数种方法来做这道美食，他们从不用同一种方法做两次。如何思考，而不是思考什么。

独立思考可以创造独立性，这是许多自助"专家"所畏惧的，尽管他们的承诺与此相反。为什么？你越是独立思考，就越不需要"专家"。如果你总是在阅读励志书籍、听励志演讲，在社交媒体和播客上关注励志天才；如果没有咨询导师和智囊团，你就无法做出决定……那么，你就被告知该如何行动了。他们告诉你："我成功了，我就是这么做的，这是我的信念，所以你也应该相信。"这一切都说得通，听起来也很好，所以你就接受了，你奉之为真理。但你是怎么知道的？你正在经历它吗？正在使用它吗？你关注它的时间是否够长，以充分吸收你正在学习的东西，或是你已经跳到下一个热门的东西了？你是否将所有建议付诸行动，以便自己找出答案？你可能会得到大量优质的指导和知识，但那永远是别人的知识，直到你质疑它，适应它，并找出适合你自己的。

科比曾经说过:"知识就是力量。"我会告诉他:"除非它为你所用。"他肯定用过。是的,我知道这适用于我和我的作品,以及我和你们分享的想法,如果这个话题让你停下来思考如何将我告诉你的东西,以不同的方式应用到你的生活中,那我的工作便完成了。我要你质疑我的信仰。这正是一些读者抱怨《野蛮进化》没有告诉他们该怎么做的原因。

我不会告诉你该怎么做,也不会告诉你该怎么想。我希望你们学会如何去思考,参与到学习的过程中,这样你们就可以创造自己的观点和想法,回答自己的问题,并知道如何在别人甚至还未理解问题时创造解决方案。

关于如何提高精神韧性和专注力,我以同样的方式与我的体育和商业客户合作。起初,大多数人都想与我有一个固定的每周面谈,但我的工作方式不是这样的,因为对我来说,那就等同于在每周同一时间,等着别人告诉我该做什么。"哦,太好了,今天是星期二,现在我可以处理这个 5 天前就应该处理的问题,但我却在等蒂姆·格罗弗的电话。"我们会有定期交谈,但不只是因为我们应该这么做。我希望他们独立思考,培养自己的决策能力和处理问题的能力。我想看到他们创造出获胜的方法,并在不征求我意见的情况下执行。这样,他们才能学会独立思考。

当客户生意兴隆时,我不想过多干预他们。很多时候,一个眼神或者点点头,就说明了一切。他们已经知道并感觉到事情进展顺利,我不想改变他们的想法。我们不需要讨论什么是正确的,他们只需要继续做下去。

每个人都在寻找获胜的"钥匙",你可以把它放在口袋里,也可以把它插进锁里。可惜的是,钥匙并不存在,只有一个由无限数字和无限结果组成密码的保险库。锈迹斑斑的表盘纹丝不动,表盘的数字已近磨光,无数绝望的手指曾试图把它们转到有利自己的位置。

多数人会解出密码中的一些组成数字,但他们放弃了剩下的数字,并满足于他们所拥有的。少数人会继续拨弄表盘,希望得到最后几个数字。但如果你坚持的时间足够长,如果你能提升你的思维和专业水平,你就能找到完整的数字组合,然后打开大门的锁,走进重兵把守的赢家堡垒。但当你在庆祝的时候,赢的密码已经改变了。

对我而言,面临的挑战一直是如何实践这种组合,这样我就能找到新方法,让雄心勃勃的逐胜者变得更伟大。我不能用别人的方法来让他们达到目标,因为我们的目标不是提高10%或5%。而是提高百万分之一,因为这些人已经是各自领域的顶尖人物了。以迈克尔·菲尔普斯为例,他获得了23枚奥运金牌(总共获得28枚奥运奖牌),他想方设法缩短了百分之一秒的时间。要达到这样的目标,你不能像别人那样思考,然后用同样的方法来训练,你必须具有足够的创新精神和献身精神,去到别人不能或不愿去的地方。因此,当我与一位精英合作时,他简直就是在与自己竞争,我必须把所有的研究、教学和数据结合起来,再加上他的特殊需求和挑战,以此创造出他独有的解决方案。

我在训练迈克尔·乔丹的时候,公牛队的力量教练问我为什么让他做二头肌弯曲。他们认为,二头肌只是为了炫耀,并不能真正让一个人成为更好的篮球运动员。这可能是真的。但我们的目标是那百万分之一,其中包括了解决那些有可能妨碍他变得更强壮、更具统治力的威胁因素。当一个篮球运动员结束热身时,你第一眼看到的是什么?胳膊上的二头肌。

细节很重要!

在商业领域也是如此。看看一家公司,每个人都接受同样的培训,有同样的办事流程、同样的规章制度、同样的产品和服务,每个人在徽标上都代表同一个名字。但其中有些人会出类拔萃,超越同伴,因为他们提升了自己的技术和思维。这就是学习现有知识和理解如何在此基础上发展的区别。

成功需要你学习，质疑你所学到的，然后再学习更多。你必须愿意去质疑别人教给你的东西，并从不同的角度重新学习。我和我的客户所做的一切，都是为了缩小成为最好的与有史以来最好的之间的差距。这两者之间有很大的区别。我不得不挑战传统的训练技巧，重新审视并学习它们。我的大学教授从来没有建议过我，让有史以来最伟大的运动员在比赛日训练，并在比赛前几个小时给他吃牛排。是的，他在比赛前吃牛排！

早在20世纪八九十年代，运动员的营养处方就是碳水化合物、碳水化合物，以及更多的碳水化合物。每个人都靠吃米饭和意大利面来补充能量，但这对乔丹来说并不奏效——除了感觉腹胀之外。这点主食对他来说还不够，他打得太努力了。在主场比赛时，他在下午3点半吃东西，以便在6点前到达体育场。到了7点半比赛的时候，他已经饿坏了，到了比赛的第4节，他感觉体力在下降。因此我们在他的赛前餐里加了一小块牛排。

听着，我不是要你也在比赛前吃牛排，我也不是在给你营养建议。我想告诉你的是，我们必须为迈克尔·乔丹设计一个新的计划，这个计划必须基于他的身体化学反应和时间表、他的上场时间，以及他在球场上消耗的大量精力。牛排减缓了他对其他食物的消化，如淀粉、蔬菜等，使他的血糖保持稳定，使他在整个比赛中有更多的能量。这不是我在书本或营养课上学到的东西，只是对我来说这很合理。我知道我们尝试了什么，哪些是没有用的。我们可以在中场休息的时候吃意大利面或者其他食物。但是现在，我们要试试牛排。

相信我，我试过很多方法都不奏效。为了带我的客户进行训练，我花了几个小时来制订完美的训练计划，5分钟之后我就放弃了整个计划。我不是天才，远非如此。我不会告诉你们我一直都知道答案。但我会继续尝试，直到找到答案。

赢要求你回顾过去"正确的方式"，并创造自己的方式。教练喜欢嘲笑那些疲劳时弯腰的球员，他们认为这是一种软弱的表现，并告诉他们应该站直，双手抱头。我从来不觉得这样做合理，即使是在我打球的时候。如果我累了，我就应该把胳膊举过头顶，让肺部打得更开吗？当我在训练或打球时呼吸困难，我的肺就已经打开了，我总是觉得向前弯腰更自然。

所以我跟乔丹说："抓住你的短裤。"他认为我疯了。"就这么做吧，"我说，"当你需要喘息的时候，弯下腰，抓住你的短裤底部。别把手放在膝盖上。"因为我不想让他的膝盖受到压力。但当他开始抓住短裤的底部时，他意识到自己可以深呼吸了，恢复得更快。你可以自己上网搜索，找到数百张他在球场上、比赛间隙抓着短裤边缘的照片。

我们研究了每一个可能的细节：手指、脚趾、脚踝……所有可能出错的地方，我们都解决了。我们在一起的这些年里，他几乎每场比赛都打。这不是巧合，我们创造了机会让它成为现实。这就是我们的"负荷管理"风格：让他的身体打完82场常规赛，再加上可能的26场季后赛和季前赛。

如何思考，而不是思考什么。

在科比的训练中，如果他相信我们能在命中率上获得百万分之一的提高，那么，几乎没有什么事情是他不愿意尝试的。当我第一次告诉他要弯下腰喘口气时，他说他不会这么做，因为这样看起来不太好。我告诉他，赢会让每个人看起来都很好。于是他做了，很管用。

我们中午在维加斯沙漠骑自行车，这样他就可以在最具挑战性的条件下训练。我们飞到欧洲尝试了第一个冷冻治疗室,真的在一个冰冷的房间里走了一圈,完全沉浸在比冷冻管里还低的温度中。我让他在背靠背比赛前吃比萨,因为这能提高他的能量和耐力。他甚至决定在比赛日使用直升机,从奥兰治县飞往斯台普斯中心,都是为了想出新的方法来获得微弱的优势,因为这让他能在比赛前远离一切人和事。我知道那架直升机代表着灾难性的悲剧,但他并不担心会出什么差错。如果他认为某样东西能给他带来好处,他就想得到它。

不管别人怎么做,伟大的球员总能找到适合自己的方法,这并非巧合。韦德不仅在比赛日进行体能训练,还更喜欢在比赛前进行。早上他更喜欢待在家里放松,因此在主场比赛之前,我会在下午6点去训练场找他,然后花20分钟进行一系列运动,并在远离人群的地方进行10分钟的投篮练习,这足够让身体产生他想要的那种感觉。他拥有整个健身房和练习场地,并利用那段时间做心理和身体上的准备。没有人告诉他这么做,这只是他创造环境和安排时间的方式而已,以让他发挥更高的水平。

勒布朗·詹姆斯是另一个找到了自己获胜之路的伟大球员。他在NBA创造了"超级球队"的现象,他决定自己想去哪里打球,和谁一起打球。这样的做法有悖于过去的管理经验,他知道自己会因此受到批评。每个人都告诉他该怎么想,在哪里打球,做什么。然而,他行使了自主思考权,这不仅改变了他的职业生涯,也改变了NBA的方向。

每个赛季我都会听到球员们说:"让我们一起努力吧,我会不惜一切代价。"然而当我告诉他们要付出什么代价,他们甚至都不明白我在说什么。不是因为它太复杂,而是因为他们不习惯这么去思考。他们总是用一种方法训练,他们只知道这些。但是如果你做你所知道的事却没结果;如果你需要在假期计划我们的工作;如果你每个赛季都受伤而不知道原因……也许是时候考虑用新的方法来实现你的追求了。

对我来说，这无关对错，而是关于你愿意为自己争取什么，不愿意为自己争取什么，以及你是否愿意拓展自己的思维，让自己比竞争对手更接近胜利。

人们陷入了"不可讨价还价"的思维模式之中，那些规则和信仰是不能改变的，因为……因为……为什么？因为每个人都这么说吗？因为你一直都这么做吗？你可以不断地告诉自己，你不会为自己的梦想、目标和计划讨价还价，但如果这些事情都行不通了，你可能就要开始和自己讨价还价了。不与他人，与自己！

你必须谨慎对待不可协商的问题，因为宣布绝对要做与不做的事是很困难的，且有无数的事情会阻碍你，令你改变方向。大多数人都没有料到，2020年从在家教育孩子或在餐桌上工作开始，他们没有意料到健身房的关闭。我的运动员们并不打算生活在一个泡沫中，不时遇到赛季缩短；我的公司客户也不打算通过视频电话来做生意。当你失去对计划的掌控时，试着坚持你的不可协商原则。

你不可协商的东西必须是你可以控制的，而且只有你可以控制。你吃的食物、你付出的努力、你说的话、你所带来的结果。如果你不能亲自控制结果，你在达成目标的路上可能需要适应环境，改变方向，发挥创造力，并用不同的方式思考，以处理你前进道路上的障碍。"我们将赢得冠军，我们的业务将增加3倍的收入，我的孩子要上医学院了。"不容商量？还是一厢情愿？

赢听到你的承诺，笑得很大声。如果你不能控制它，你最好做好谈判的准备。谈判永远不会停止！

我见过一些伟大的竞技者，在"赢"这件事上他们拒绝退让，从而登上了顶峰。他们做出了正确的选择，投入了时间和精力，比任何人都做得好。可一旦他们赢了，他们就重新谈判。庆祝活动开始了，压力消失了，优先级改变了，对胜利的关注突然因追求无数其他事物而变得模糊。

对于我的客户来说，有一件事是不可谈判的，那即是表现。只要我们达成相同的最终结果，任何有助于此的事情都可以进行讨论。如果它能帮助你在比赛日训练，如果吃牛排能让你表现得更好，如果你想在48摄氏度的沙漠中骑自行车，我全力支持你……只要你的表现证明这些事物是有好处的。

你要喝一杯吗？酒杯给我。我知道所有酒精影响行为的研究，但也亲自目睹了一杯葡萄酒如何使身心放松。我不是给你开处方，也没有让你这么做。如果你想去派对找点乐子，我理解，但如果你的表现开始让大家怀疑你前一天晚上在哪里，那我们就需要一些约束和限制了。因为有一件事我们是不会讨价还价的，那就是任何对你的表现有负面影响的事情。如果你在外面待到凌晨5点，如果你喝了很多酒，如果你为了放松而抽烟，我会根据你的表现来判断你。第二天表现得一塌糊涂。那我们就要谈谈前一天晚上发生的事，你玩得开心吗？提醒我你前一天晚上做了什么，我们可能需要再做一次。

我不记得有多少次我信任自己的想法并成功了。但我记得，有几次我忽视了自己的想法，做了别人让我做的事，最后失败了。

几年前，我给一群企业家做演讲，他们大多是男性，非常富裕，非常保守。这次活动有几位演讲者，我是最后的主讲人。活动的组织者向所有的发言者提出一个要求：不要骂人。"我们真的不介意，但观众非常保守，"我们被告知，"我们不想冒犯任何人。"现在，我可以咒骂，也可以不咒骂。在演讲台上做自己时，我感到自在多了，这意味着偶尔会有咒骂。我相信，当你知道这一点时，不会感到惊讶。但我也尊重那些不喜欢台上的演讲者骂人的群体和观众，当被要求保持语言文明时，我总是会遵守。

我在等着上台，听前面的那个人演讲。他是前海豹突击队队员，谈论着领导能力和团队合作。他说的那些话，我甚至都不会在更衣室里小声说，没有一句话是不带脏字的。然后我看向观众，他们很喜欢，大笑、鼓掌，最后全场起立鼓掌。现在我要做个决定。我是应该像他那样食言，无视他们的要求，因为我知道听众会喜欢我这样做的演讲，还是应该遵守规则，不说脏话？

我遵守了我的诺言，因为这对我来说是没有商量余地的，我遵守了规则。那是我第一次讨厌自己的演讲。不是因为我用了文明的语言，而是因为我让别人告诉我什么是"对的"，尽管我知道他们错了。这对我来说是不可原谅的。我的一个不可动摇的核心价值观是相信我的直觉，相信我所知道的。也许我错了，但我希望有机会改正。我宁愿自己做决定，也不愿让别人替我做决定。

赢不是谈判得来的。不是赢就是输，它不关心你有多努力，也不关心妨碍你的特殊情况。"你努力工作吗？这很好。我需要一个工作努力、聪明、高效的人，还有一大堆其他事情呢。回到原来的路上，搞定它。"

搞定它，把你的疯狂投入到工作中。创新，不要模仿。最重要的是，不要再听那些告诉你该怎么想的人。如果他们知道了，他们就都会是赢家。

W1NNING
野蛮进化 ❷

第 2 章
CHAPTER 2

• • •

赢需要你保持专注，别让思维被扰乱

精英逐胜者感受不到外部压力，他们只聆听自己的内心。你可以批评甚至妖魔化一名精英逐胜者，但他根本不会受你的影响。他清楚自己的行为哪些对，哪些错，不在乎你的看法。他离开自己的舒适区，挑战自我，将自己提升到更高的境界。

我不知道该如何表达更好，所以如果有所冒犯……那是你的错：

赢会搅乱你的头脑。就是这样。

再没有什么能比这更快速、更有力地鞭策你了。你才刚刚开始，就立马结束了。你本来感觉很平静，很冷静，突然间就烧起来了。当你感觉到赢从背后拍打着你的时候，你就和它面对面了。你完全掌控了一切，直到你意识到掌控者另有其人。你终于拥抱了赢，它却把你放倒在地，压得你喘不过气来。

你为一次光荣的胜利付出了一切，然后发现这永远都不够。就像我说的，赢会搅乱你的头脑。你不可能不受它的影响。对于历史上最伟大的冠军来说是这样，对于曾经渴望获得胜利并取得成功的任何人来说都是如此：赢的那一刻，他们欣喜若狂，沉浸在胜利的喜悦中。一天之后，他们面对的现实是：为了保持这种感觉，他们就必须重新来过。而这一次，难度将加倍。

赢是一场战争，它是你脑海里的一场无法停歇的战争。在这个无法停歇的战场上，你的头脑永远不会停止运作，你没有片刻的安宁。

我不在乎你是睡在有12间卧室的豪宅里，还是睡在朋友车库的沙发上。当你想在比赛中获胜时，你必须每晚都和敌人睡在一起，而那个敌人就是你自己——那个知道你所有的弱点和不安，知道你渴望和恐惧的一切，并且不断利用它们来对付你的敌人。

赢在你的脑海中布下雷区，各种想法、警告和问题埋藏其中，并在同一时刻引爆。即使在你睡着的时候，你的头脑也在不断地斗争，为想象中尚未发生的战斗的威胁做准备，这些战斗可能会发生，也可能不会。

你上床睡觉都觉得累，醒来时也很累，因为你的头脑中充斥着混乱，甚至午睡也无法消除它们。你醒来的那一刻，你又开始战斗了。你的头脑充斥着冲突，你甚至不记得自己要睡觉了。

每一天，你的精神战场都被肾上腺素、愤怒、恐惧、焦虑还有其他炸弹冲击。压力、不安、怀疑、嫉妒，有时候是一个陌生人把它们放在那里，有时是你亲近的人，有时是你自己。但大多数时候，是你自己把它们都放在了那里。

如果你仔细看，你可以看到炸弹上的标签：你不可能赢；可怕的想法；每个人都笑了；你看起来很荒谬；代价巨大；该死的那些人。

并非所有的炸弹都是残酷的，它们也可能是危险的善意：你应该休息一天；你工作太辛苦了；你比别人强；他们没有机会；你已经赢了；放松并享受；不要对每件事都那么认真。

赢家可以探测到这些炸弹，并在它们造成伤害之前拆除它们。失败者准备迎接爆炸冲击，然后想知道如何才能收拾残局。

你知道你脑海中的这些炸弹，也知道什么会引爆它们。但当你准备好处理它们的时候，你就人困马乏、心烦意乱、困惑不解。你试图寻找平静，想找一个安静的地方来思考，却发现自己身处一个狂野的精神战区。这里充斥着烟雾、爆炸和各种尖叫声，也许还有你自己的尖叫声。就在你准备拆除这个定时炸弹时，你感觉到了另一场威力是现在手中这个炸弹5倍的爆炸。前一分钟你还在处理烟火,下一分钟,就有手榴弹在那里爆炸了。你到处灭火,刚扑灭这一处,另一处又起了火。

每个人都想"点燃整个世界",但你还得控制它燃烧的方式。

赢家喜欢这场战斗:你能承受多少?我能把你推多远?你玩得开心吗?

我不在乎你有多少技能和天赋,有什么梦想,许下什么承诺,如果你不能主宰这个战场,你就赢不了。这是你的空间、你的领地,你来主宰一切,否则别人将来主宰你。

你能从雷区中取出炸弹吗?你有强大的精神力量和敏捷的思维吗?你是否意识到那些植入你头脑中的干扰、不安全感和错误的信念?

这就是伟大的赢家与众不同的原因。他们有损失也有失败,他们面临着批评、批判及各种各样的阻碍,但他们始终拥有赢得这些心理战斗的强大能力,结束它们,然后继续下一场战斗。

你的精神战场是你做出每一个决定的指挥中心。如果你认为某件事是个问题,那么它就会成为问题。当你半夜醒来为钱发愁时,你可以想办法处理你的财务问题,也可以躲在黑暗中担心自己永远不会走出来。在一场大型比赛或重要会议之前,你可以想想所有可能会搞砸的地方,或者也可以在脑海中思考你需要注意哪些细节,让一切得以顺利进行。当你犯错时,当你经历失败时,你就会踩上"失败者!"这颗地雷。你也可以引导自己去一个更好的地方,在那里清楚地计划下一步行动。

相信我,我不会跟你说什么"乐观思考"和"用心想象"之类的废话。你可以想象自己是一个赢家,你可以想象那些荣耀的时刻,你可以乐观地思考这一切将如何进行。多么美好的白日梦!但白日梦就像拨打一个断开的电话号码一样。醒醒，这些都还没有发生。赢不会出现在你的美梦里，它只会在你的噩梦中见到你。

当寂静的午夜终于来临，你可以倾听自己的想法时，哪些想法萦绕在你的脑海之中？"我做得够多了吗？我能再努力一点吗？我可以这样做吗？我是在自欺欺人吗？我能成功吗？"

对那些害怕失败的人来说，这些想法会引发灾难。他们每天从恐慌中醒来，面对着一天又一天的焦虑和恐惧。"我不知道我在做什么，我是个骗子，大家都会看出来的，我不可能做到的，我糟透了，我做不到。"

但对其他人来说，这些想法是自我改进的路线图。"我做对了吗？我能做得更好吗？我知道该怎么做，我必须做到。"他们会靠近那些炸弹，从各个角度检查它们，直到他们能取出其中的炸药并拆除它们。

科比就是这样的人。"不投进今天本该投进的球，我是不会休息的！"他会在脑子里一遍又一遍地回想那一刻，试图弄清楚发生了什么，这样就不会再发生了。他会在脑海中重温那场比赛，在凌晨 4 点看比赛回放，直到他明白自己为什么没投中那个球。"防守时发生了什么？球在哪里？球的旋转方向正确吗？球是湿的吗？球很重吗？我的头是不是太靠后了？我理解对了吗？我的肘部姿势对吗？"他会考虑每一个可能的变量，直到他能回答自己的问题，并确信他心中的答案会在球场上帮助他解决问题。

你的行动源自于你的想法。有多少次你因为头脑不清醒，而破坏了自己的目标和抱负？你想要减掉 9 斤，但比萨看起来很好吃。你想戒酒，但管他呢，今天太辛苦了。你知道你应该打那通电话，但不知道拨通后该说什么。你已经计划好了，要在你的生活中迈出重要的一步，却又被别人说服了，没有迈出这一步。

没人强迫你做这些选择。你只是没有准备好去赢得那些战斗。

我见过很多伟大的球员输掉一切，因为他们无法实现从想要赢到实现赢的心理飞跃。他们开始相信那些天花乱坠的宣传和废话，不再相信当初让他们走到这一步的东西。

当然，这不仅仅是运动员的问题。它可能发生在任何人身上，在任何努力中。我经常在与我共事的商业领袖和企业家身上看到这样的情况：有一天，他们正朝着成功的方向前进，突然，他们就根本赢不了了。发生了什么事？他们并没有突然忘记如何执行。有别的东西挡了路，而且几乎都是精神上的东西。

我曾经和很多有天赋的运动员打过交道，在他们的精神庇护所里，只有其被摧毁的职业生涯。他们相信每一个对他们的伟大的无端赞美，每一个对他们的卓越的浮夸赞扬。从还是孩子的时候起，他们就被告知自己有多特别，这在高中或大学阶段可能千真万确。不幸的是，他们实际上并没有在职业级别上取得任何成就，没有更努力地去发挥他们所谓的潜力，而是被炒作所吸引，专注于"建立自己的品牌"，而不是创造想要的结果。

注意！专注结果，品牌就会建立起来。如果换一种方式，你的职业生涯在你的品牌鞋合同到期之前就已经宣告结束。

你就是这样糟蹋自己的。

你在争取赢得自我之战的胜利吗？人们发现了很多阻碍自己成功的事物。分心、懒惰、自负……如果你没有反击的韧性，赢会有无数种方式阻止你。

你抗干扰的能力如何？我相信你认识一些人，包括你自己，他们没有能力过滤和处理与家人和朋友的问题——上瘾、财务问题、人际关系、健康、法律问题……发生在他们身上的每件事，都是他们没有到达终点线的新理由。他们把自己的时间和精力投入到每一件事和每一个人身上，然后责怪所有那些"阻碍"他们的事情，却从未意识到，最大的障碍就是他们自己。他们在一天结束的时候，将自己的注意力集中在每一件事情上，除了一件能让一切都变得顺利的事情——赢。

我不是在说让你分心的事情，比如看手机视频，给朋友发短信，或者在厨房里吃晚上的第15份零食。尽管这些事情绝对会让你分心，但我指的是由你和自己的心理斗争引起的内在干扰。

如果你在拖延，如果你不断为你做过和没做过的事情道歉，如果你在一天结束的时候，发现你没有完成任何一件你想做或需要做的事情，那么，你就是被自己的想法分散了注意力。

我们都有一些"待办事情"的清单，但对大多数人而言，它是一个"永远都办不完的事情"的清单。

赢家则有一个"完成"的清单。

你的清单永远不会变短吗？那些你似乎无法完成的事情，是因为你没有时间、没有知识、没有金钱、没有别人的认可，或是因为任何你声称阻止了你的东西？当你在新冠肺炎疫情大流行期间被隔离在家里，甚至在奈飞上看完所有能看的电视剧后，你可以做些什么？

帮帮你自己：要么做这些事，要么承认你从未做过，然后继续前进。管理这种"次要任务"，是对时间和精力的荒谬的浪费；不管怎样，所有这些事情耗费的精力都是一样的，而且这些东西会一直留在你的脑海里。每当你开始想那些还未完成或没有开始的事情时，它们就会嘲笑你。摆脱它们，你马上就会感觉好一些。

如果你不管理分心的事情，它们对你的目标是致命的。注意，我说的是"管理"，而不是"消除"。我知道，你听过无数次了，要"消除干扰"，然而这是不可能的。你也许可以消除掉一些，但人们仍然需要你，你还有家务和任务要完成，电话、电视和冰箱的噪声仍然骚扰着你。

如果这些事情令你分心，当你试图消除它们时，它们会更让人分心。

如果你想管理分心的事情并掌控这场战斗，需要养成一些每天的"常规惯例"。

我并不是说要坚持老的惯例，它们的目的是确保你的舒适、安全，并且在不"改变现状"的情况下度过每一天。**我不希望你安于现状，因为有时候我们需要改变现状。这很难！如果你从不打破现状，你怎么知道自己能承受多少？** 这并不是说要对抗无聊、处理焦虑或逃避新事物。我不希望看到你梦游般生活，只能勉强度日。我们都知道有些人每天都在埋头苦干。他们会这样说，"当一天和尚撞一天钟……来得容易去得快……日出日落……很高兴来到这里……老样子，老样子。"如果你是这样的人（我真心希望你不是），你就需要打破常规，用一些能让你全情投入，帮助你创造新的挑战和结果的事情来取代它。

对我来说，每日的常规惯例是自由的，前提是你得正确地使用它们。它们让你行动坚定且带有目的；它们去掉了那些让你减速的变量和阻碍。最重要的是，它们绕过了战场决策："我应该吗？我不应该吗？这种方式？那种方式？今天？明天？多久？我该问谁？"当你有一个精心规划的常规惯例，这些问题就已经得到了回答。你执行，继续前进，完成，执行下一个。

乔丹遵守着我见过的最严格的比赛日惯例，从他选择计时器的方式到他系鞋带的方式。他计划和组织好自己一天之中的每一个细节，从他锻炼的时间到他开着车去体育馆的时间。他按照特定的顺序穿上衣服，为家人和朋友安排好球票，每天按时吃饭……一切都有其目的性和纪律性。

而且他的个人团队中的每个人都参与进来，按照这份常规惯例行事。我知道我们训练的时间和时长（每天早上5点、6点或7点，即使是在旅途中）。他的汽车经理知道他要开哪辆车，以及什么时候把车洗好（迈克尔·乔丹从来不开刚洗过的车）。厨师很清楚他要吃什么，以及什么时候上菜。每件事都经过计划和协调，所以在日程安排上没有任何障碍。

他的比赛日惯例之一就是在每场比赛开始前系好鞋带。这个仪式对他有特殊的意义。每次他这么做的时候，他都能想起小时候买新鞋的感觉，这把他带到了一个地方，让他在精神上为比赛做好准备，帮助他进入状态。有一天，球队巴士晚点了，所以我按照他的方式帮他系好鞋带，本想着为他节省一些时间，但他拒绝穿那双鞋，因为我干扰了他的惯例。他让装备经理（Equipment Manager，这个职务是 NBA 球队中管家、保姆般的存在。其工作职责是：比赛前按照球员的要求采购、准备相关的食物和物品；比赛中随时满足球员更换装备的需求，同时满足球员任何关于后勤保障的需要，包括客场联系好酒店、安排球员住宿，甚至监督酒店提供的饭菜并安排就餐时间；比赛后要及时回收所有球员用过的装备。）给他买了一双没有系鞋带的新球鞋，这样他就可以自己系鞋带了。

他的练习也有一套惯例。每一次热身运动，他都以胸前传球开始。世界上最伟大的球员，正在练习基本的胸前传球。为什么？惯例、基础、基本功。球场是他的战场，他知道所有的地雷都埋在哪里。如果你不能掌握基本功，你就不能掌握其他任何东西。

甚至在比赛之前，他会在过道里做胸前传球的动作，看着一个想象的球从他的食指和拇指中完美地释放出来，在他的脑海中旋转，穿过他脑海中不必要的想法。

他的基本功练得非常好，他在比赛中从来不需要考虑这些基本功。他知道如果他能到达球场上的某个位置，没有什么能阻止他。大多数球员都有这样的位置。乔丹把他们的位置熟稔于心，那里将会是他的危险区。他清楚地知道自己的位置，也知道他在赛场何处可以置对手于死地。

这和精锐部队执行复杂行动没什么区别。每日惯例不是一个选项，而是势在必行。每一个细节都经过周密计划，团队必须以完全同步的方式工作，否则每个人都有风险。从教你铺床的方法，到从飞机上跳下来的精度和准确性，都没有发挥创造性的余地。已经替你做了决定，不要想，去执行。

乔丹的伟大之处，一部分源于他的执行力。即使他动作中最微小的细节，也能让他比球场上所有人都反应更快。他能够快速投篮，因为他能屈膝接球，而他的肩膀早已准备好了投篮：他已经处于投篮的位置。大多数球员接住球，然后才进入投球位置。乔丹已经在那里了，子弹已经上膛。球传出后，他很少需要调整身体位置或转肩膀。他所要做的就是接住球，然后转过头去看篮筐。

直到今天，我都不知道这是他后天习得的，还是与生俱来的。但它消除了不需要去想那些额外步骤的瞬间，不必浪费身体和精神的能量。

唯有这样你才能控制自己的心理战场。

为什么每日惯例对他如此重要？因为比赛本身是不可预测的。不是无法控制，而是无法预测。控制不可预测的事情是他的专长。面对不可预见的障碍，他从不惊慌失措，从不退缩。罗德曼被罚出场外？"没问题，我们会抢回他的篮板。"皮蓬受伤？"没问题，我们会替他得分。"球队会在赛季末解散？"我明白，把球给我，然后让开。"

如果你的思想一直在和生活中的其他事情斗争，你就无法做到这些。

乔丹的惯例让他能够自由和清晰地专注于一件事——比赛的复杂性，并管理好阻碍他赢下比赛的每个变量。他为不可预测的事情做计划，使其对他的影响降到最低。

但伟大的球员明白，你不可能计划好一切。赢会尊重你的惯例和习惯，但它会在无法预料的情况下蓬勃发展，并且会不断向高处和场内投掷快球，有时甚至会砸在你的头上。直到它抛出弧线球时，也只是为了看看你是否能够应对意外情况。如果你只会用一种方式做事，如果你不能在自己的系统之外运作，那么赢便会感到无聊，转而去找其他人玩。

惯例可能会让你的一部分旅程实现自动驾驶，但要到达你的最终目的地，你得完全控制结果。这就是成功的四分卫和失败的四分卫的区别，前者能在糟糕的情况下调整战术并将其转化为胜利，而失败的四分卫则只能执行他排练过的战术。如果你驾驶的是一架战斗机，你不能让自动驾驶仪完全控制飞机，你必须随时准备好接管系统并处理意外情况。

在新冠肺炎大流行期间，我们许多人不得不面对这一挑战，这在某种程度上扰乱或改变了我们生活的方方面面。突然之间，基本的每日惯例改变了，或者完全消失了，只有通过有限的选择来恢复原状。日常惯例中的所有内容都突然改变或消失了，包括：什么时候起床，何时离开房间，何时去健身房，在哪里吃午餐，与谁见面并交谈，什么时候回家，进门后做些什么，晚上如何放松，什么时间去睡觉。

每一个惯例、每一个习惯、每一个步骤都必须重新规划和学习。对一些人来说，这是一场灾难，因为他们无法应对快速变化的形势。但对另一些人来说，这是一个摆脱旧习惯、打破常规、找到做事新方法的机会。

对许多人来说，它暴露了我们反复使用的毫无意义、没有任何益处的习惯和体系。我利用这种情况来挑战我的客户，特别是那些试图为他们自己及其团队创造一种新"惯例"的商业人士。你为什么要有这种惯例？因为害怕吗？无聊吗？还是一种策略？一直都是这么做的吗？你不知道别的办法吗？执着于此会限制你什么？它如何帮助你获胜？

对于遵守时间表和惯例的职业运动员来说，隔离和新的规定提出了有趣的挑战。当你在整个职业生涯中一直以一种方式打球：在球迷面前，在家人和朋友的包围下，遵循一个一成不变的时间表。现在，从空荡荡的球场，再到NBA的喧嚣，你需要更多的注意力来应对新的现实。有些人处理得很顺利，其他人则无法处理日常生活的干扰，这在他们最后获得的结果中得到了体现。差异不是身体上的，而是精神上的。

每个惯例都必须考虑到不确定的可能性。如果你只为一种情况做准备，就没有机会在真实比赛环境的变化中生存下来。运动中如此，商业中如此，生活中也是如此。如果你只能在特定的时间以特定的方式完成任务，那就说明你缺乏适应实时变化的能力。

例如，在练习中，你可以随心所欲地练习完美投篮技巧。但在比赛中，你永远不知道球是如何传过来的。这么多年来，我给我的运动员们传了无数个球，有时他们会直接把球扔回给我，因为他们讨厌我传球的方式。太高、太低、太硬、太软、诸如此类。我曾经有一个大家都讨厌的实习生，不是因为他做得不好，而是因为他的传球太软，把球员们都逼疯了。我能理解这个实习生遇到的问题，因为即使你很强壮，你可能也没有一个NBA球员的力量。但你每天要给这些球员传球上千次，而每个球员都想要球在不同的高度，不同的位置。他们只会想这个实习生的传球是那么疲软，而不专注于当下的练习。他们期望球以比赛的速度传过来。

所以我会故意抛出不可预测的传球。当他们抱怨时，我会告诉他们：在比赛中，你有多少次能在完美的位置接到完美的传球？你必须能够到达这里或那里，并准备好接住意料之外的传球。我不希望你在那一刻想着，"哦，该死，糟糕的传球！"我希望你能条件反射地接住扔过来的东西。

如果一个球员投丢了一个他本该投中的球，我们就会以同样的方式传球给他，让他知道到底发生了什么。这样我们才能知道为何会投丢这个球，并确保这种情况不会再次发生。

我曾经尽最大努力来传球。大多数教练会站在篮板下抢到球，然后把球传给球员，让他再投一次。但在真正的比赛中，传球可能来自任何地方。所以每次我的球员投篮时，我就跑到篮下，拿到球，跑到不同的位置，传给他，再跑回篮下，拿到球，又跑到另一个地方，传给他……因为这正是他们需要进行的战斗。这不仅仅是掌握投篮的身体战斗，而且也是当事情脱离计划时保持专注的精神战斗。

是的，我可以让一个实习生或助手来做跑动并抢篮板，有时我自己也这么做。但我的顶级球员希望我像他们一样努力，他们需要知道我们将一起作战，并将一起赢得战斗。我现在还能看到科比脸上的傻笑，当他故意投丢几个球，只是为了让我跑去抢弹得很远的篮板球。

战斗的开始和结束都取决于你自己的想法。你的头脑需要不断地更新，就像必须付费的每日订阅那样。这样你才能清晰地思考。你可以更新你的电脑和手机，但你多久更新一次你的想法、你的策略、你的优先考虑事项？你多久会重新启动你的精神能量，并删除那些过时的程序和文件？

行动源于你的想法。赢会把你拉向一个方向，但你的想法会把你拉回来。你会想："这太艰难了，我没想到会这样，我还没有准备好，我不够好。"

你有足够的信心赢得这场战斗吗？你准备好为了赢来赌一把吗？我们马上就会知道了。

W1NNING
野蛮进化 ②

第 3 章
CHAPTER 3

• • •

赢是对自己抱有不可动摇的信心

无论发生什么，精英逐胜者坚信自己的本能会助他克服一切，全身而退。无须任何理由，掌控一切的欲望是如此强烈，对本能的信任又是如此坚定。他知道自己绝不能输。

2007年，在我开始训练科比的前一天晚上，我坐在纽波特海岸的一家小餐馆里，科比走进来取寿司外卖。

那时候我还不太了解他。在乔丹让他雇用我之后，我们通过无数次电话，这些年来也有过几次会面，但我们从未真正花时间在一起过。而现在，这种情况即将发生戏剧性的改变。

多年来，无数球员问乔丹是否可以让我在赛季期间训练他们，他总是给出标准的回答："我没有付钱让他训练我，我付钱给他是要他不要训练别人。"但是这个时候他已经退役了，他真诚地希望看到科比尽可能以最高的水平打球。

我已经看过和听过这两人之间的所有比较，也做足了功课，准备亲自去看看他们到底有多相似，抑或有多不同。

我注意到的第一个主要区别是：科比可以在晚餐时间走进一家寿司店，但没有一个人跑过去找他拍照或签名。

我这么说并不是要批评或冒犯，只是实事求是。迈克尔·乔丹永远也做不到这一点，而我在他身边这么多年，以至于我期望每个超级巨星都能得到同样的待遇。

第二天，我们在加州大学欧文分校开始了合作。科比很安静，矜持，注意力高度集中。我们谈到了他的膝盖问题，还有其他一些他想要解决的问题，以及一件他一直在想的事情：他想要了解关于乔丹的一切，计划、时间表、锻炼、整个日程。他想知道乔丹的生活方式，乔丹对某些情况的反应，乔丹如何处理与队友和教练的关系，以及科比可以添加到自己"武器库"里的任何事情。

他想要知道一切。不是为了成为乔丹，而是为了可以成为一个更好的科比。

这些年来，大多数向我询问乔丹的球员，都在想办法模仿他的心态和他的比赛风格，这是不可能的。我可以列出所有让他变得伟大的特质、习惯和处世哲学，但秘诀在于它们是如何有机结合在一起的，这对每个人来说都是独一无二的。你可以把可口可乐的每一种成分（它们都在罐子上标明了），用上千种不同的方法将它们组合起来，但你永远无法复制可口可乐，因为关键不在于成分，而在于将这些成分组合起来的配方。

当你成为偶像，你就永远不会被复制。

科比明白，他想要学习。这样他就可以运用某些对自己有用的东西，以此不断提升自己的打球水平。因为当你已经很优秀的时候，没有多少人可以教你如何变得更好。

经常有人问我，两者之间的异同。我不喜欢比较，因为对我来说，他们是如此的不同且独特，比较对双方都不公平。但如果你想要一个基本的总结，我可以告诉你：

科比更努力，乔丹更聪明。

科比从未停止过他的脚步。他询问了训练的各个方面；他需要知道每件事是如何运作的。他并不想一直待在那里，于是他完成这些训练，并且总要求更多。

他对比赛录像永不厌倦，一遍又一遍地回看录像，思考发生了什么，如何做得更好。在 iPad 出现之前，他走到哪都带着一台 DVD 播放机，这样他就可以观看团队为他制作的特殊视频。当这些还不够时，我们便请来了我的球员发展总监麦克·普罗科皮奥（Mike Procopio），去分解每一场比赛和每一个对手的回放录像，研究每一个可能的场景并制定策略。从凌晨 2 点到凌晨 4 点，那是科比的重点工作，除非他当时在体育馆投篮。

如果有一个健身房在凌晨 3 点开放，他想做点什么，他就会去那个健身房。在那些年里，我从来没在那个时间点睡过觉，只是打个盹，因为你永远不知道他什么时候会准备好回去工作。我们凌晨 3 点在球场上，练习到 4 点半，我会让他离开，让他休息一下。但我会留下来，因为我知道他 15 分钟后就会溜回来，我就得让他再走一次。在我们做过的所有事情中，最难的就是让他停下来。

在竞技状态方面，一切差不多都是起起落落，没有足够的时间和注意力去停止。赢需要你偶尔停下来、着陆、听、看、闻、学习、理解。如果你所能做的就只有前进，那么最终会过犹不及，你不会赢。

迈克尔·乔丹知道什么时候该停止。他处理事情很高效，所以不需要花那么多的时间和精力去学习。他会看比赛回放，但通常只是为了确认他已经在脑海中回放过的内容。他的头脑就像一个无穷无尽的图书馆，收藏着各种比赛的影像和比赛时刻。他回忆起每一个动作和反应，知道如何为即将发生的所有事情做准备。

你不可能在凌晨 4 点的球场上找到乔丹。他晚上需要睡觉，因为他知道睡觉是他训练的一部分。正如我之前提到的，我们几乎每天早上 5 点、6 点或 7 点锻炼，这取决于我们的时间表和所在时区。我们在旅途中的时候，他偶尔想要进行一次深夜训练，只是为了确保我们能保持兴奋的状态。有一次我们的飞机着陆后，他想直接去健身房，我不得不向他借一件T恤，因为我没时间去房间换衣服。两年后，他又看到我穿着那件T恤，然后记起我从没有还他。正如我们在《最后一舞》中所看到的那样，他从未忘记任何事情。

他从来没有质疑过我们在做什么，为什么要做。他依靠自己的能力去感受什么对他有效。我会把训练计划给他，然后我们一起完成。通常，他会让我和他一起做，这样他就有对手了。但他的目标是高效和有效，就像对所有事情一样。

那些早上的训练是我们赛后谈话的重点。有时候我问他"什么时间？"然后乔丹回答一个数字，5、6或7。但我从来没有解释过为什么我们总是换着时间来进行训练。

赢家需要在任何情况下都处于巅峰状态，无论时区、地点或其他因素如何变化。对你来说，这可能意味着在恶劣的天气下去开会，航班取消，或者最后一刻的日程改变迫使你比平时早起，或者有其他让你离开舒适圈的事情。对我的运动员来说，在任何时间，都能发挥最高水平是至关重要的。如果他们总是在同一个时间训练，他们的身体就会适应这个时间。可是他们需要在全国各地比赛，尤其是要不断跨越东西两个海岸。从这个海岸到那个海岸比赛几天，在同一个时间训练就不起作用了。因此我们总是改变训练的时间，这样我的运动员就可以为任何情况做好准备。

乔丹注重效率，而科比专注于更多：如果有一些是好的，那么越多越好。乔丹知道自己做得够多了，所以他可以继续下一步。

这些年来，我思考了很多，是什么让他们每个人都如此特别。毫无疑问，他们每个人都有不可估量的特质，这些特质定义了他们的伟大。这些特质当然是他们的技术、天赋、工作态度、智慧、承诺、抗挫力。

但最重要的是，他们有一个共同点：他们都对自己有着不可动摇且从未动摇的信心。

他们不需要知道接下来会发生什么，但他们总是时刻准备着。他们知道什么时候投篮，什么时候传球，什么时候说话，什么时候沉默，什么时候该加速，什么时候该减速，什么时候回应批评，什么时候对批评一笑置之。

对于迈克尔·乔丹来说，那就是相信他能摆脱底特律活塞队的坏小子们，以及他们对他身体的伤害，成为有史以来最好的球员。在获得3次总冠军后，他不顾批评和质疑，从NBA退役，开始了他的棒球生涯。两年后，他依旧无视批判和质疑，回到了NBA。当时，所有人都说他再也不可能像以前那样优秀了，然而他又赢得了3个总冠军。他把自己的一切都献给了公牛队，因为他知道球队将在赛季结束后解散。

他从未招募超级巨星与他并肩作战，尽管球队总是要求他这么做。有一次，公牛队管理层邀请他参加萨姆·鲍维（Sam Bowie）的电话会议，当时鲍维还是自由球员。每个人都向鲍维解释为什么他应该加入公牛队，以及公牛队是多么需要他。主教练菲尔·杰克逊（Phil Jackson）、总经理杰里·克劳斯（Jerry Krause）还有队友皮蓬一起提出了对他的建议，然后轮到乔丹了。

"萨姆，你到底来不来？"他说，"不管有没有你，我们都会赢。"

他对自己充满信心，从不怀疑结果。即使在他退役后，他仍在想方设法投资自己和自己的能力。他买下了夏洛特黄蜂队，成为第一个拥有一支球队多数股权的NBA球员。他仍然是耐克乔丹品牌不可或缺的一部分，该品牌在2020年盈利超过30亿美元。他创办并经营了许多新的企业和业务。他参加高尔夫球比赛（场地包括他为自己建造的私人球场），还参加了钓鱼比赛。即使他从现在开始什么也不做，他的身价也已经超过 10 亿美元了。

可赢是一种与众不同的上瘾，一旦它向你展示了一些不可宽恕的爱，你就会永远渴望那种爱。

科比也是如此。他所做的一切都是来自对自己的巨大信心，从他决定跳过大学直接进入 NBA 开始。他和沙奎尔·奥尼尔一起赢得了三次总冠军，然后用余下的职业生涯，证明了自己在没有奥尼尔的情况下也能赢得两次冠军。他学会了 5 种语言，包括普通话（因为他知道 NBA 将在中国大受欢迎）和斯洛文尼亚语，这样他就可以在球场边和卢卡·东契奇闲聊。他会用西班牙语和湖人队友保罗·加索尔说话，所以对方球员都不知道他们要做什么。他的跟腱断裂伤，如果换在大多数别的球员身上，可能会毁掉他们。但他在场上停留了足够长的时间，罚进了两个球，然后询问队医是否有办法"把它粘起来"，这样他就可以继续比赛。

在科比的篮球生涯结束后，当大多数球员都在试图寻求一些方式来保住自己的辉煌岁月时，他却直接进入了娱乐业。他凭借短片《亲爱的篮球》(Dear basketball) 获得了奥斯卡奖（他担任了该片的旁白和执行制片），还写了一本畅销的儿童书籍。他和新一代的球员分享了他对篮球的热爱。他投入时间和激情指导他的女儿吉安娜和其他年轻的女孩，使她们达到大多数 NBA 球队无法比拟的优秀标准。我毫不怀疑他在为琪琪做准备，让她成为第一个在 NBA 打球的女性。

这就是你赌自己的方式。

对于乔丹和科比来说，这一切都归结为他们对自己所做一切的坚定信念。所有和我共事过的伟大球员都是如此——德怀恩·韦德、查尔斯·巴克利、特雷西·麦克格雷迪、斯科蒂·皮蓬、哈基姆·奥拉朱旺等等。每一个决定、每一个行动，都根源于信心。

在迈克尔·乔丹职业生涯的早期，一位记者曾向他的教练道格·柯

林斯 (Doug Collins) 问及他指导这位最伟大球员的策略。

"这很简单,"柯林斯说,"把球给他,然后让他滚开。"

伟大球员不需要别人的指示,他们已经知道该怎么做,而且总能找到办法从这场赌博中得到回报。

很少有人能够或愿意在自己身上下注。他们成为自己生活的助理,因为他们没有足够的信心独自做决定并采取行动,所以唯有等待上级领导的指示和批准才可行动。

信心是终极毒品,而赢是毒贩。信心是治愈怀疑、不安全感、恐慌和自卑的良药,是你失去控制时不断坠落的解药,是恐惧和软弱的疫苗。但信心没有处方,也没人能直接给你。你要么从内心深处感受它,然后为之所用,抑或是相反。

每当我们谈论"内心深处"的本能时,我都会谈到无可争议的专家:婴儿和小孩。我们生来具有什么,我们又学到了什么?

我们开始时都很自信。婴儿迈出他们的第一步、跌倒、爬起来、再跌倒、笑着、哭着、爬起来、再跌倒,然后继续走下去。他们从来不会说:"我受够了,我要永远坐着。"他们做自己认为正确的事,他们不在乎你怎么想。如果他们不喜欢你喂给他们的东西,他们会吐出来。当孩子们看到小狗时,他们的第一反应就是和它玩。除非有人教他们"不!不!小心!"他们才学会了犹豫和恐惧。

小孩子们无缘无故地又唱又跳,他们天马行空地画画,穿自己觉得合适的衣服。他们一只脚上穿着紫色的靴子,另一只脚穿着橙色的运动鞋,身上套着 4 件 T 恤,背着仙女般的翅膀,头戴一顶安全帽。他们在街上对着所有人唱"生日快乐",直到大人们参与进来:"你不能穿那个!

你疯了吗！进屋去！换掉你的衣服！今天没人过生日，你为什么要唱歌！"

不管这些孩子有多自信，总有人会去打击他们；又或者发生了什么事让他们觉得自己在某些方面不够好。很少有孩子有能力去过滤这些事情，它们一直伴随在他们身旁。

每一个成功的人都会告诉你，什么时候的打击塑造了他们的自信程度，并让他们做出了选择：失败还是成功？

对乔丹来说，他的打击就是被高中篮球队除名。汤姆·布雷迪的打击则是位列美国国家橄榄球联盟第199位新秀。科比的打击则是1997年的季后赛，18岁新秀的他打出了他那著名的"三不沾球"，他在第4场结束时投出了1个三不沾球，然后在加时赛中又投出了3个。韦德在高中时只收到了3份奖学金，而且因为学业问题，他在马凯特大学的第一年，就被剥夺了打比赛的资格。巴克利在新秀时期重达300磅，他问队友摩西·马龙（Moses Malone）为什么没有得到更多的上场时间，结果马龙说他太胖太懒了。皮蓬作为球队装备经理开始了他在中阿肯色大学（University of Central Arkansas）的大一赛季。

赢那病态的幽默感使我们每个人都无法安心。只要问问那些只差一笔交易就能赚到奖金的销售代表，那些错失致胜一球的NFL（美国国家橄榄球联盟）射手，那些在NBA总决赛第7场比赛中发挥失常的投手，那些因为诉讼程序性细节问题而输掉一场大官司的律师。

如果你是赢家，接下来的一切就变成了对自己无休止的承诺，一个关于接下来该怎么做的决定："我该怎么做？我就这么差吗？还是说我比这好多了，现在我需要证明这一点，不是对别人，而是对我自己？"

对我来说，有太多这样的时刻，我都记不起来了。我四岁开始上一年级，那时我刚和父亲一起到美国。我父亲对老师说我已经上过一年级了，老师们相信了他，于是我马上进入学校开始学习。我属于那些无法跟上班的孩子，我不会大声朗读，也不会拼写。我们得站到全班同学面前，然后老师会给我们一个简单的词：

"蒂姆，请拼出'火腿'这个词。"

我想了一会儿：谁在乎火腿怎么拼写，吃了就用不着拼写了。不过没关系："H……A……N。"

全班一片欢腾，但我没有笑，这对我来说并不好笑。尽管当我回头讲这个故事时也会引起一阵大笑，但这些趣事永远和我的童年绑在了一起。

回想起来，对我最大的打击是发生在课堂上，这可能听起来不可思议，因为我总是取得好成绩（在我家里，没有其他选择）。我在大学主修运动机能学的第一年，就跳过了基础课程，进入了高级课程。教授一开始就让每个人站起来，然后问每个学生一个问题。如果你回答不了，就得当着全班同学的面站着。我站7周半，每周3次。其他人都答出了他的问题，他们都坐着。就我一个人站在那里，浑身冒汗，十分尴尬，对自己很生气。直到我意识到我可以站在那里失败，抑或是拿起基础的运动机能学课本，学习我应该知道的东西。

直到今天，我还记得我正确回答了第一个问题的那刻。具有讽刺意味的是，那是在第23节课上，教授说："格罗弗先生，你可以坐下了。"

当然，到那个时候，我已经自学了整个课程。但我不会停止回答问题，直到最后教授不得不说："格罗弗先生，我现在不需要你说话。"

我终于能答对问题了。我的信心也恢复了。

自信来自很多方面，不仅仅在于我们如何看待自己，还在于别人如何看待我们。

几年前，我与一群CEO还有企业领导人合作，参加一个关于卓越竞争力的研讨会。房间里的每个人都是成功的、富有的，是在同事和同龄人中备受尊敬的人物。我们谈论的是他们在通往成功之路上遇到的个人障碍和问题。

"这里有谁被别人说过是一文不值的?"我问。几个人紧张地举起手来。

"站起来,站着别动。"我对他们说,"有谁被别人说过'你做的事情是在浪费时间'?"又有一些人站了起来。"有谁被别人说过'你将失败,永远不会成功'?"越来越多的人站起来了。我的最后一个问题是:"有谁被别人说过'你疯了'?"现在大家都站起来了。"我也站在这儿。"我说,"最后那句话是赞美,每个有所成就的人都相信自己有一点疯狂。"

我们是在说你吗?你正在做别人看来很疯狂,但你觉得有意义的事情吗?你是否坚信自己的能力和远见,即使是在别人看不到,并希望你停止的时候?

不要停止!卓越是寂寞的。没人会理解你经历了什么才走到今天这一步。

当然,你必须有理由相信你可以实现目标。你不可能成为第一个50岁的NBA新秀。如果你从来没有赢得过当地社区的锦标赛,就不可能赢得大师赛。你不可能仅仅通过看着昂贵的东西就让它们都属于你,然后成为亿万富翁。每一天都很重要,特别是对那些有特定技能且保持期很短的运动员来说。其中的佼佼者都明白这一事实。

当一切都岌岌可危时,自信就有了特殊的意义。自信不再意味着大摇大摆地穿梭在房间之中,好像你是它的主人,自信也不是对你的穿着打扮自我感觉良好,或者知道别人所有问题的答案。当你为荣誉而战,当一切都压在你的肩上时,自信就是知道你毫无疑问会赢。这就是汤姆·布雷迪曾经历的。他在赢得6次冠军后离开了新英格兰爱国者队,转而决定为坦帕湾海盗队效力,并在43岁时为该队获得了他们近20年来的第一个超级碗冠军。

自信的人是他们自己的特殊杀手。你无法攻破他们，因为他们已经被自己攻破了，一次又一次。这就是他们最初变得如此自信的原因——不是靠别人扔五彩纸屑和游行来告诉他们有多好，而是被人推倒、踢打和嘲笑，从而使他们认识到自己是多么的强壮而有力。

即使处于最糟糕的境地，自信的人依旧坚信：我们将走出困境。看看2016年的芝加哥小熊队 (Chicago Cubs) 就知道了，经历了108个赛季的对阵失败后，他们在世界大赛 (World Series) 的第7场比赛中再次对阵克利夫兰印第安人队 (Cleveland Indians)。随着比赛打成平手，印第安人队的势头正好，但一场突如其来的暴风雨，迫使比赛推迟了17分钟。小熊队的外野手杰森·海沃德 (Jason Heyward) 环顾队友，看到他们低垂着头，准备迎接第109个赛季的失败时，他对队友说了些严厉的话，据说这些话鼓舞了全队，挽救了比赛。他的信心变成了他们的信心，这就是领导力。

自信是在你一生中最低落的时候，让你仍知道自己会恢复得比以前更强大的东西。它是当别人告诉你一切都好，你是完美的，只是你的方式有问题时，知道他们是错的，你还有更重大的事要做。

想想传奇人物菲尔·希思 (Phil Heath) 吧，他曾7次当选奥林匹亚先生。一年前他因手术未能参加比赛，现在他正在为自己第8个奥林匹亚先生头衔而战。他本可以一走了之，他本可以拿着他的勋章和荣誉去追寻其他的机会。但他有信心再次尝试，并向自己证明，他仍然可以做到在最高水平上竞争，尽管不能保证有好的结果。

自信的人不会活在过去，他们记得发生了什么，但不让其影响到他们前进的能力。他们明白失败不可避免，但会尽快恢复，以摆脱失败。我不想看到运动员倒下后，在赛后的新闻发布会上躲在连帽衫里面。如果你搞砸了，如果你糟透了，如果你痛不欲生，承认吧，而且要表现出信心，认定这种事不会再发生了。在比赛结束之前，你的行为举止应该不会与比赛时有任何不同。

当你被击倒时，自信会让你耐心地在地上停留1分钟，直到你知道如何比以前更好地站起来。大多数人会立刻跳起来，因为他们不想让自己看起来虚弱、伤痕累累，然后他们又立马被击倒。当你对自己的恢复能力有信心时，你就知道你再也不会软弱或受伤了。

我们都是有缺点的人。自信的人不会掩盖自己的缺点，他们笑对缺点，因为他们不在乎你怎样想。那些缺点对他们来说是有用的，但对你来说不一定有用。

自信能让你在不做出反应的情况下，听到你身边和脑海里的声音。你在无声中就能听到它们。

自信给了你勇气，让你站在比你更强大的人的阴影下，并仍然保持你的力量。我的每一个客户都比我更富有、更有名，而且有权随时终止我们的关系。但我从未让这影响到我们的训练方式，以及相处方式，我也从未忘记我在那里的原因：提供其他人无法为他们带来的成果。这就是我的力量，我从未放弃。

自信是你通往自由的门票，是你逃离一切障碍的路线。糟糕的关系、糟糕的决定、糟糕的情况……一切阻碍你实现梦想的人和事。**永远不要让别人把你的梦想夺走；即使他们控制了局势，他们也不能控制你。**

最终，自信就是抓住机会，从不怀疑结果。

如果你不把赌注压在自己身上，你就赢不了。如果你不相信自己能赢，你就更赢不了。

赢要求你设定不切实际的目标，并实现它们。这并不意味着要追逐无法实现的梦想，这意味着你能对力所能及的目标做出明智的、有把握的、自信的决定。当你正在做那些决定并享受结果时，会发现生命是如此短暂，你好像永远不会有足够的时间，来享受你的赢和创造新的赢。

但当你被困在一个地方，害怕尝试新事物，感觉自己被困在并非自己想要的生活中时，每一天都是没有尽头的，遗憾会永远持续下去。

冒险意味着拥抱未知的黑暗，直面现实，恐惧和不确定，因为无论你去哪里，你都是一个人。每一个踌躇的脚步都是不平坦、不稳定、没有承诺的。

但是，当你继续踏着前进的步伐，当你离赢越来越近时，你就能在黑暗中看到光明，在阴霾中看到现实，直到赢这场疯狂的赌博开始成为可能，即使你是唯一能看到它的人。

人们会告诉你要去"想象"赢，把自己看成一个赢家。这是不够的。赢需要你使用你的视觉、听觉、嗅觉、触觉、味觉，甚至那些只有你知道的第六和第七感官。

这是你要承担的风险，不是别人的。如果你需要别人的激励才能行动；如果你拿着"保持积极的20种方法"的清单；如果你身边总是一些告诉你要慢下来，对你的计划翻白眼的人，你就实现不了你的计划。

大多数人有太多的梦想、想法和能力，他们紧紧抓住不放，不确定且不能给自己一个机会。直到最后，一切都太迟了。他们死的时候，许多东西都没用过，许多事情都没尝试过。

这些不是随机的赌博，也不是鲁莽的猜测。这是对你重要的事情的有条理的选择。

如果你要体验你的生活而不仅仅是活着，就必须做出这些决定。你值得冒这个险吗？

如果你认为代价太高，就等着看你无所事事的账单吧！每一天，你都在无数的事情上打赌。你吃什么；你在哪里开车；你怎么跟人说话；你信任谁？你都在赌。每件事都有风险，每件事都有结果。你并不总是知道结果，但赢知道，它正等着你去发现。

W1NNING
野蛮进化 ②

第 4 章
CHAPTER 4

赢不想你被不良情绪左右，夺回情绪的控制权

情绪法则的唯一例外是怒火：用得好，克制之下的怒火便是致命武器。精英逐胜者心中都有那种缓缓燃烧的熊熊怒火，假如他们能掌控和维护好，它就是终极能量的来源。

你如何定义一个伟大队友？

支持？投入？专注？负责？

这些怎么样：谦逊？愿意扮演任何角色？态度积极？

这些都是优秀的品质，毋庸置疑。你需要那些队友。下面是一个来自科比，却略有不同的例子。科比在一次采访中，谈及自己作为队友的身份时说：

"如果你要在这场训练比赛中消磨时间，等着磨完这场训练，我一定会打败你。我会让你知道我打败了你。我希望你重新考虑你的职业生涯选择。在大多数情况下，人们会说这并不是一个好队友的样子。我不是来当一个好队友的，我是来帮你们赢得冠军的。"

完全不一样，不是吗？

在《最后一舞》里的一个镜头中，乔丹谈到了同样的话题：

"我的心态是不惜一切代价去赢得胜利，"他说，"如果你不想生活在那种被控制的心态中，那你就没必要和我在一起。因为我会嘲笑你，直到你的实力和我不相上下。如果你没有达到同样的水平，那么对你来说我即是地狱。"

"人们害怕他。"乔丹的前队友雅德·布奇勒（Jud Buechler）说，"我们是他的队友，我们畏惧他，对他只有恐惧。乔丹身上的恐惧因素是如此强大。"

他们在公牛队的队友威尔·珀杜（Will Perdue）补充道："我们不要搞错了，他是个浑蛋，绝对的浑蛋，他多次越界！但随着时间的推移，你会回想起他真正想要实现的目标，于是你就会想：'是的，他是一个了不起的队友。'"

公牛队拿下这6个冠军，很难不令人记忆深刻。

我不认为大家会因乔丹和科比对他们的队友如此苛刻而惊讶。说实话，如果你在读这本书的时候还不知道这一点，那才更令人惊讶。他们两人一共拿了11个总冠军戒指，还有奥运会金牌和多个MVP。乔丹是6进总决赛拿了6个冠军，科比是7进总决赛拿了5个冠军。

你告诉我，你能和这样的人一起工作吗？你能为一个只会被你称为浑蛋的人付出一切吗？一个你每天都害怕和担心见到的人，他最终的结果很可能是赢吗？

我是这样认为的。想赢和知道怎么赢是不一样的。他们知道如何赢。他们把心凌驾于自己的情感之上，凌驾于每个人的情感之上，然后完成了任务。他们的心比他们的情感更强大。

如果你想知道真正的公式，那么看着，它是这样的：**心 > 情感**。

你可以在健身房或办公室，在你的布告栏或卧室天花板上，任何你或你的团队需要被提醒的地方写上这个公式。

如果你想了解一颗冠军的心，你就必须接受这样的现实：你面对的是一颗与众不同的心，它是粗鲁的、激烈的、黑暗的，如果你没有达到那个水平，它甚至可能是恐怖的地狱；如果你想要竞争并取得最终结果，就必须抛开随之而来的情感。

如果心发挥了它的作用，最终当你赢的时候，正确的情感就会出现在那里；否则，你就会产生一种没人想要的情感。

冠军的心能尽可能多地掌控各种情况，并尽可能长时间地掌控那些无法控制的情况。可能只是一瞬间，但那一瞬间，也许是拥有一切与一无所有之间的界限。

压力越大，你为保持领先地位而奋斗的时间就越长。你越专注于这一件事，就越不会让你的心在你的决定和行动中有发言权。没有第二种方式可以让你赢。当你付出了你所拥有的一切，做出了最大的牺牲，把生活的每一部分都奉献给赢时，你就很难容忍你的伙伴不这样做。不管他们是不能还是不愿意这么做，这并不重要，因为你的失败感将是一样的。

他们可能理解你的感受，也可能不理解。当你如此专注地投身于你的工作时，必须接受别人可能不理解你的事实。他们看不到你所看到的，因为他们甚至无法想象你所看到的。

你在自己和其他人之间制造了太多的差距，以至于他们最终不再试图跟上你。他们告诉自己和其他人——你就是很难相处，你鬼迷心窍，你发疯癫狂，你正走向灭亡。

你才是问题所在。

相信我：你才不是问题所在，你是解决的方案，你甚至已经在解决他们看不到的问题了。

我曾为一家科技公司做过咨询，这家公司决定解雇一名最出色的员工，因为她有着"难搞"的名声。他们说：她并不是特别合群；她把别人逼得太紧，坚持每个人都要遵循她做得更好的准则，这常常让人不舒服。也许有一天，我会明白为什么这是一件坏事。不管是什么时候，我宁愿选择一个气氛"难搞"但工作有效率的团队，而不愿选择一个气氛

"和谐"而低效的团队。但存在过于自我和个性尖锐的问题，也许是因为她总处于高度压力和紧张之下。管理层决定，为了保持公司的"士气"，只能让有着多年丰富从业经验的她离开。

在她离开后的一个月内，士气和工作效率实际上变得更差了。因为那些觉得她"难搞"的人，突然间没有人会为他们的糟糕表现而责怪他们了，也没人追究他们的责任。最终，她的前任老板们意识到，"问题"其实才是把公司凝聚在一起的人。**玫瑰身上的"刺"是它最重要的部分，有刺的玫瑰比剪了刺的玫瑰更长寿。**

当你不再重视别人对你的看法时，你就不会再关注那些让其他人深陷其中的小问题和干扰。这让你变得冷酷无情，让你的感受和情感变得麻木，不去理会别人对你的评价。

在乔丹职业生涯的早期，批评家说因为他公牛队才总是赢不了球。他传球太少，投篮太多，他不信任所谓的"配角"队友。这是在他6次获得冠军之前的情况。

批评家还说，科比是一个自私的球员，他没有配合他的队友，如果没有奥尼尔在他身边，他不可能赢得他的前3个总冠军。但后来在没有奥尼尔的情况下，他又赢了2个总冠军。

他们每个人都在追逐着什么东西，并且不让任何人或事情妨碍他们。当其他人试图扑灭森林大火时，他们已经控制了一场熊熊烈火。"我来搞定这个，让我做我该做的。"

最伟大的赢家是最不敏感的。他们赢得越多，就变得越不敏感。勒布朗·詹姆斯就是一个很好的例子——在职业生涯的早期，他受到媒体和批评的影响远远超过今天。这就是伟人们处理媒体噪声的方法。他们已经经历了这一切，他们对批评和挫折无动于衷。如果乔丹让自己的情感和感受阻碍他，那么在知道幕后发生的所有事情之后，他还能带领公牛队拿到他们的第6个，也是最后一个总冠军吗？不，他投篮得分，主导比赛，最终他赢了。如果他在这个过程中是个"浑蛋"，他也毫不在乎。

正如乔丹在《最后一舞》中所说：**赢是有代价的。获得领导地位是要付出代价的。**

多年来我了解到，如果你想让人们情绪化，你应该谈论他们的情感。我在《野蛮进化》一书中就是这么做的，这让很多人对我非常不满。我说的是在比赛和表演中进入巅峰状态，控制无法控制的情感。我写道："情绪化让你脆弱。"

我不会在这里重复之前的讨论，你可以自己回过头去阅读，但重点是：巅峰状态是平静和清晰的，而情绪化则完全相反。你越情绪化，就越需要处理这些感受，而不是只专注于你正在做的事情。

人都是不快乐的。我听到父母说，孩子需要具备表达情感的能力；我听心理学家说，这就是社会的问题所在，每个人都害怕表达情感；我听教练们说，他们希望自己的球队带着情感去比赛。

各位！我并不反对情绪，我们不是机器人。我希望你能笑、哭、开心、伤心、再开心。只是不要同时出现，尤其是在你想赢的时候。

对于教练们，我想补充一点：

不要告诉你的球队要带着情感打球。情感是不稳定的、不可预测的和易变的，特别是多种情感同时冒出来时。你不会想让他们带着情感打球的，你想让他们精力充沛地打球，这之间有着巨大的差异。

告诉你的团队，你想要看到他们带着情感。这对每个人来说到底意味着什么？你想看到什么样的情感？你想让他们笑吗？哭泣？蜷缩起来害怕？在即将输掉的比赛中，你想看到队员们高兴地输掉比赛吗？还是悲伤，恐惧，困惑，心疼，尴尬？你真的想在比赛中带入这些情感吗？这些都是情感，但没有一个能帮你赢。

如果你想要的是能量、专注、紧张。那么你就要保持警觉，有进取心和韧劲。这些都不是情感，而是一种精神力量的状态。你想把自己的思想封锁起来，这样你就感受不到竞争带来的紧张和压力。情绪化的尖叫并不能让你成为赢家，只会让你觉得很吵，让你分心。

我并不是说你不应该为重要时刻发笑、开心或兴奋。但这只是暂时的，你必须能够在瞬间恢复平静并理清思绪，因为你不知道下一刻将会发生什么。

如果你要带着情感打球，是因为它对你有效，而且你有结果能证明它。那么，在打球时一定要确保那种情感的稳定和一致，不要像过山车一样忽高忽低。无论你的感觉如何，你必须保持稳定和专注。你的心必须比你的情感更强大。

在你赢或输了之后，你有足够的时间对发生的任何事情产生各种情绪。但在比赛中，你唯一要做的是完全地控制。你有责任要求自己做到这一点。

我知道这并不容易。每一天，赢都在尽力扰乱你的心和情感，只是为了让你偏离轨道。

你的心能做出决定。你的情感却在问：真的吗？你确定吗？

你的心告诉你去健身房，而你的情感告诉你：待在床上，休息一天不会怎么样。

你的心通过寻找停止受伤的方法来消化痛苦。你的情感因受到伤害而肆虐。

当你意识到你还可以再试一次时，你的心就会反击失败带来的失望。你的情感总是会为你从未尝试过的一切而后悔。

你的心控制压力。你的情感会把施压转化为压力，却提供不了有效的帮助。

你的心可以放下过去，原谅怨恨，展望未来。你的情感会永远抓住每一个垃圾。

虚弱、懒惰、沮丧、消极、焦虑，每天早上你都要决定是否给这些情感投票。你听它们的话了吗？或者你能自制地说："不！没得商量，把手放下，你今天没有投票权。"这就是自我控制——它决定你的哪一部分得到一票。有些日子，挫折可能有话要说，软弱可能会压倒你，你也许会屈服于嫉妒、懒惰或恐惧。这会发生，每个人都有失误，我们都会在某些时候失去控制，但并不是每天都这样。你内心深处的秘密不是每天都能得到一票的，所以把手放下。

控制自己是一种选择，失去控制也是一种选择。但要发展这种程度的控制，你必须了解是什么支配了你的行动和你的想法。是你吗？是外在的东西吗？你忙着和别人斗争，却没有意识到最大的斗争是与自己的较量？

自我控制意味着当你面对不愿面对的事情时，能从自己而不是他人身上寻找答案，知道自己并不总是快乐或安全的。这意味着每当有好事发生时，就拒绝庆祝，而不是每当事情不按你的意愿发展时就崩溃。自我控制协助你管理低谷时刻、挫折，不让你陷入不应该做的事情——那些考验你的事情。

当你面对一个被挑战的处境时，会发生什么？你最初的情感反应出现，比如苦恼、恐惧或焦虑，或任何其他的感受；然后当你不断地想起它时，你就会不可避免地受到额外情感波动的影响。你想得越多，你就越容易陷入尖锐的冲突、戏剧性的场面、混乱，直到你远离了最初的处境。一切都变得无关紧要了，因为你现在有了新的情感需要处理。

你无法控制发生在你身上的事情，但你可以控制你的反应。当你被疯狂包围时，当每个人都试图告诉你该做什么时，你必须抓牢头脑中发生的一切的指挥权。你听到的每一个声音都会产生不同的感受和情感，而要想使它们保持一致完全取决于你。如果你对别人什么都说，或对你做的所有事都做出反应，那你总是会输的。

你想知道这个公式吗？我说得简单点：

- 控制你的心，你就能控制你的情感。
- 控制你的情感，你就能控制你的行为。
- 控制你的行为，你就能控制你的结果。

就是这样。**心创造了情感，情感驱使行动，行动决定结果。**

你必须知道什么时候该关闭或打开你的心。你一定会迷路，然后再找到回来的路。赢想看到的是你的回程票，而不是一列通往失败的失控列车的单程票。

如果你和乔丹在同一间体育馆，你可以感受到他话中的刺痛，被它们激励并改善你的球场表现，也可能因此而崩溃。

当你失去控制权时，把注意力放在你能控制的事情上，而不是放在你不能控制的事情上。这就是乔丹在公牛队最后一场比赛背后的驱动力："教练不回来了，球队被解散了，你已经失去了对接下来发生的事情的控制。我不能跟你争论让教练回来的事，是你决定解散球队的。好吧！但我仍然掌控着我们的打球方式。因此我只能控制一件事：赢。"

你可以控制自己的表现，你可以控制自己的努力，你可以控制自己不去抱怨，你可以控制自己不在乎，你可以控制你自己。

在新冠肺炎大流行期间，每当听到运动员说他或她无法锻炼时，我几乎失去理智。锻炼场所关闭了，你无法控制，我明白。你有地下室吗？有一个院子吗？有一块空地吗？我们可以控制我们能控制的事情。

你愿意控制什么，你允许什么来控制你？

每次乔丹踏上球场，至少有一名对方球员决心缠在他的身边。因为对方知道，如果他们能让他情绪失控，挥拳攻击他们，或者做一些让他出局的事情，这样他们获胜的概率会大增。雷吉·米勒、丹尼·安吉、约翰·斯塔克斯、格雷格·安东尼、丹尼斯·罗德曼、丹尼·费里、泽维尔·麦克丹尼尔……只有少数人尽了全力，并得到了他们想要的反应。要做到这一点并不容易，在乔丹的整个职业生涯中，他没有一次被罚下，而且只有11次满犯离场。当被激怒时，他绝对不怕动手。但他又会立即重新控制局面，因为他不能让不良情绪影响比赛结果。

从我的运动员和顶级商业客户身上，我看到的最普遍的情感是愤怒，因为他们太有动力，太有竞争力了。如果愤怒是你的燃料，如果它能点燃你，并把你带到无人能触碰的区域，那你就应该使用它。但是和所有的炸药一样，这种燃料也带有一个警告："警告！在没有极端技能、智慧和经验的情况下不要使用。"

如果愤怒是你对竞争的自然反应，并且你知道如何控制它，那么，带着愤怒会对你有益；否则，你会在一时冲动之下失去控制，并无法控制接下来的事情。

握紧拳头毫不费力，松开拳头然后离开，则需要很努力地控制。我从来没有把拳击作为我指导的运动员训练的一部分，因为我不希望他们总想着靠拳头解决问题。

一个对他的队员们大喊"发疯地打！"的教练，除非队员们习惯了那样打球，否则会造成混乱。如果他们没有足够驾驭这辆涡轮增压汽车的心理技能和控制能力，那就像是把兰博基尼的钥匙给了一个孩子，不会有好结果的。

我有衡量自己愤怒的尺度，因为所有的愤怒都不一样。一开始的时候很冷静，然后开始恼火、气愤、生气、愤怒，最后到暴怒。冷静让人控制一切，暴怒使人失去一切。

当你恼火或气愤时，你可能不会采取行动，你可以自己消化这些情绪。当你很生气的时候，这些情感就开始显现出来了。愤怒会让你处于失控的边缘，如果你已经暴怒了，你就完全失去了控制。理想情况下，你要学会如何控制愤怒，这样你既能保持冷静，又能兼具好斗性。

大多数人会直接发怒。如果你无法控制自己的恼火、气愤和生气，愤怒就会从你身上燃烧并升级为暴怒。但暴怒是不可持续的：那种强烈的能量和情感燃烧得更快，并迅速地熄灭。如果你没能在最初的几分钟里得到结果，你就完了。

你失去了优势，一场剧烈的爆炸冲击着你，你的油箱空了，燃料没了，然后你环顾四周，心想："等一下，我这是在哪？"

如果你不能控制一辆以 50 千米/小时的速度行驶的普通汽车，你将如何控制一辆以 290 千米/小时的速度行驶的高性能汽车呢？

伟大球员都知道如何驾驶那辆汽车，他们可以像踩油门一样，轻松地换挡和刹车；他们有控制这种速度的能力和经验，你甚至可能无法感知他们内心的感受。德怀恩·韦德在生气的时候打球，打出了他最好的表现，但他从未表现出内心的愤怒。任何人都能看到血，但很少人能闻到血。韦德可以，愤怒把他带到了另一个地方，但他把所有东西都放在体内，当作驱动的燃料。

大多数人做不到这一点，无论是在体育、商业还是其他领域。他们会一时失控，而当他们意识到问题的瞬间，事态已经无法挽回了。

励志演说家和教练总是告诉你，"冲，冲，冲！我们走吧！站起来走吧！现在正是时候！"好吧，我们到底要去哪？就像我之前说的，没人教你停下来。停下来可以让你学习、适应、聚焦、计划、制定策略。它能让你的心恢复控制,让你的情感得到控制。每个人都告诉你要做得更多,但更多并不总是意味着更好,有时候更多并不是你真正想要的东西。

当我能让科比停下来的时候,他已经处于最佳状态了。我告诉他,"你应该少运动,多睡觉"。科比身边的很多人都担心他,他不想解决这个问题,但使其保持最高水平的表现是很必要的。每个人都认为他是个不屈不挠的健身狂人,他确实是。但当我们能够减少一些,控制它时,他才真正开始在更高的水平上出类拔萃。

很多人认为科比是一个"控制狂",我不同意。对我来说,这意味着你试图控制你不应该控制的事情,而不是让更有技术和能力的人做他们最擅长的事情。科比知道自己什么时候需要帮助,而且他会毫不犹豫地求助他人。他雇用了我,还请来了许多其他顶尖的专业人士。但我理解为什么人们那样想他,当你需要掌控并持续掌控一切时,你很难摆脱那种心态。

如果你认为自己在工作或个人生活中是个"控制狂",我劝你好好想想这是否是件好事。在大多数情况下,这并不是件好事。当那些"控制狂"没有完全掌控一切时,他们就会变得焦虑和愤怒,最终往往会欺骗自己和周围的人。

说到与我的客户合作时,我不希望某位运动员、他的父亲或经纪人告诉我应该做什么。如果我听从他们的"建议",我们将难以获得成就。让我做我该做的,这就是你带我来的原因。与此同时,我知道什么时候应该把控制权让给那些能把事情做得更好的人。

我曾经为我的运动员做过很多事情:物理治疗、按摩、技巧练习、训练、营养搭配,以及他们需要的任何东西。但在某种程度上,我变得更聪明了,我意识到,有些专业人士在这些领域更专业,这对客户更好,对我们所有人都更好。

赢想要你的控制权,它会让你激动、疯狂、兴奋到无法思考,从而让你早早退出比赛。

但如果你想留在比赛中,如果你想让内心的能量保持在最佳水平,你就必须控制自己。这与天赋无关,你可以拥有强大的天赋却没有自制力,但你需要保持精神引擎的凉爽,无论你周围的环境多么炎热。

W1NNING
野蛮进化 ❷

第 5 章
CHAPTER 5

赢是你的工作，
为自己努力

真正的战士，永远渴望进攻和征服。这种渴望让人成长。你刻意制造局势，不断将压力升级，挑战自我，证明自己的能力。绝不会等到关键时刻才抖出点神话般的"基因"来炫耀自己。你的卓越应该体现在每时每刻。

1993年，迈克尔·乔丹同意接受哥伦比亚广播公司(CBS)的记者宗毓华(Connie Chung)的采访，在采访中，宗毓华问乔丹是否还赌博。

"不，"他笑着说，"我可以停止赌博，但我有一个竞争问题，一个求胜问题……"

所有认识乔丹的人都同意这一点。

我是在他雇用我的那天才知道的——他是我的第一个客户。我当时在一家健身俱乐部当教练，凭着我的硕士学位每小时挣3.35美元。我决定给公牛队的球员写信，向他们提供我的服务，除了迈克尔·乔丹，因为我觉得他是最不愿意请教练的人。但实际上，他是唯一一个想请教练的人。他是联盟中最好的球员，但他仍然没法进入总决赛，他意识到他的身体无法抵挡球场上那些能够威胁他，比他更强壮的球员。他想要在更高的水平上竞争，愿意做些极端的工作来实现这一点。他在另一个球员的储物柜里看到了我的信，让队医给我打电话。

在与公牛队的队医和首席运动训练师进行了3个月的面谈后，我得到了一个地址，并被告知第二天去那儿报到。没有人告诉我是哪个球员要求与我见面，我很感激这个机会，因此不想因为过多询问而搞砸它。

但我已经寄了 14 封信,还为所有球员准备了 14 种不同的计划。

我来到地址上的房间,按下门铃……迈克尔·乔丹开了门,我从没想过要见我的人是他。他穿着全套耐克装备,低头看着我的匡威鞋,紧紧地盯着它们,然后摇了摇头。于是我脱下鞋子,想着也许我应该说点什么来调节气氛,然后我意识到我的袜子上有个洞,于是又把鞋穿上了。他只是看着,什么也没说。

我们见面交谈了一个小时,我解释了我可以为他做什么,他说:"这听起来不太对。"我回答说:"它再对不过了。"

他同意给我 30 天的时间,并告诉我去买我们需要的装备,因为我们将在他的房子里锻炼。我开始在心里计算,找到合适的哑铃和装备,订购、运输并且安装需要多长时间。那可是 1989 年,网上购物还没出现,所以你必须亲自到商店去购买装备,或者从目录上订购。最少也要一周,甚至更长时间。

我问他打算什么时候开始。

"明天。"他在面谈结束时说。

我走出去时,他最后看了一眼我脚上的匡威鞋。"不要再穿了。"他说,然后关上了门。

从那一刻起,我所做的一切都是为了让我们俩每天都变得更好。他的身体、他的比赛、我的技能和知识、我的鞋子。比赛永远不会结束,无论你是其他球队、其他的球员,还是其他的鞋业公司。对我来说,这是一场即时的竞赛,看我能多快把他的健身房准备好,以及我如何在接下来的 30 天内实现这些结果。是的,我们准备第二天就开始。我照做了,于是那 30 天变成了 15 年。

如果你是乔丹世界的一分子,跟上节奏是至关重要的。你不仅要跟上他的心态和干劲,他还希望你能在你的知识、技能、步伐,以及对胜利的渴望上与他保持一致,这没得商量。我第一次和他一起旅行是在休赛期,他带着他的整个私人团队:他的安全人员、他的顾问、几个亲密的朋友,当然还有他的教练。他让我们在他家见面,然后从那里开车去机场。

迈克尔·乔丹跳上了他的一辆高性能汽车(我想应该是一辆法拉利),然后对所有人说:"你们最好跟上。"

我开着我父亲的 1987 年款斯特林汽车,虽然它不是最快的车,但不知怎么的,我竟然能开着它紧随其后。我不能落后!我在路肩上开车,跑上跑下开到出口匝道,尽我所能把乔丹的车保持在我的视线里。我不建议你做这么危险的事,我只想告诉你当时发生了什么。其他人都迟到了 5 分钟,当然,乔丹也让他们明白,他们迟到了。

当他们指出在路上没人能跟上他时,他指着我说:"蒂米(Timmy)跟上了。"(致读者:永远不要叫我蒂米,没人能这么叫。)

跟上。这是他对周围人的指示,他所做的每一件事都是如此。他从来没有说过,但我们都知道:"我们不妥协、我们不走捷径、我们不找借口,跟上我和我的标准,否则你就出局。"

我可以告诉你数百个有关他竞争本性的故事,他周而复始不断努力,只为赢得一切。你可以找到成千上万的视频还有书籍,它们会告诉你这些年来它们看到了什么——他努力赢得一切的过程。

但这是我最喜欢的一个例子,可能是因为没人知道它。

在乔丹的公牛队时代,每年夏天,芝加哥的体育馆都会挤满来自世界各地的精英选手,他们都来参加我们传奇的斗牛赛。我们将有几十位 NBA 全明星、未来的全明星、新秀和 NBA 裁判,在这 4 个球场上打球。他们会和我们一起锻炼,接受一些培训和指导,以及任何他们需要的东西。但是,最吸引人的是与乔丹一起上场的机会。

第5章 | 赢是你的工作，为自己努力

在一个非常炎热、潮湿的日子，我们来了一个新人。他非常努力地想给大家留下深刻印象，尤其是给乔丹。他有点过于兴奋，比赛中途摔倒在地上。显然，他喝了5瓶红牛，现在他癫痫发作了。他口吐白沫，满头大汗，我摸不出他的脉搏。

我们打911求救电话，清空球场上的其他人。我在等救护车的时候，给他做心肺复苏。当我用力按压他的胸腔，确保他不会死在球场地板上时，我感觉到有人站在我身旁，看着发生的一切。

是乔丹。

"我觉得他心脏病发作了。"我告诉他。

"显然是的。"他说。

就在那一刻，那家伙睁开眼睛，慢慢坐起来，环顾四周，看到迈克尔·乔丹正站在他身边。他很尴尬，但至少还在呼吸。

乔丹低下头问："他没事吧？"

"他还活着。"我说。

"你还好吗？"乔丹问他。

孩子抬起头，虚弱地笑了笑，有点头昏眼花，但他说："是的，先生，我很好。"

"好，"乔丹说，"找个替补，"他对我说，"我要赢一场比赛。"

这是一个竞争问题。

但如果你想成为有史以来最伟大的人，在你做任何事情的时候，成为最具竞争力的人是合理的，也是必要的。

没有借口，没有道歉。如果你觉得这太极端了，那你是对的。**极端的结果需要极端的竞争**。因为当别人拥有你想要的东西时，你需要去争取。

如果你认为自己是一个极具竞争力的人；如果你从不关掉它，从不

放慢脚步；如果别人说你是如此疯狂和痴迷……这一切太多了，我希望你能接受。我向你挑战，让你带着同样的信心和承诺继续竞争，正是这种信心和承诺让你走到今天。当别人把你的竞争力说成是一件坏事时，提醒自己他们无法理解你的感受，因为他们从来没有感受过。这是他们的损失，而不应该是你的。你可以控制那些竞争的欲望，但你为什么要这么做？

赢对你来说没有忠诚可言。无论你为了成为赢家奋斗了多久，在某个瞬间你也会变成输家。我知道这对很多人来说是个残酷的现实，他们如此努力地工作，想要有所成就，但在一瞬间，它就消失了。他们放弃了，或者更有可能是有人把它夺走了。

这些人只赢过一次，就再也没有赢得过任何东西。因为他们太容易满足了，被自己的一次巨大胜利压倒了，以至于他们停止了为其他任何东西努力。他们仍然在谈论他们的高中足球冠军荣誉，或者他们在7年前的销售竞赛中赢得的汽车。从那以后呢？什么都没有，还在说。

然后是那些最终达到目标的"赢家"，得到了大房子、4辆车、奢华的假期……他们以为这种状态会一直保持下去，但他们不会如愿。另一些人看了他们所做的，然后做得比他们更好。赢就是喜欢看着别人扼杀你的梦想。你这个月过得很愉快？真了不起。30天后见，有人会赢的，但可能不是你。

还有一些人在所有事情上，都无时无刻不在竞争，但没有真正的焦点或目标。他们喜欢追求，但不投入时间或技能去追求。所以他们追求一切，却从未在任何事情上真正取得成功，但他们是"有竞争力的"。

记住：有竞争力和成为赢家不是一回事。

即使在最高级别，你是一个冠军，直到有人取代你获得冠军头衔，而别人几乎总是这样取代你。你不能一直有冠军头衔，但你可以保留记忆：

一块硬件，一些其他纪念品……但你只有赢了，才能成为赢家。一旦你输了，你就要把这些东西都还回去。赢会把你的位置让给别人。

所以，如果这对你很重要，那么你就要拼命战斗来拥有它，并且永远不要将拥有它的每一分钟视为理所当然的。

伟大的竞争者欣赏奖杯、奖章和戒指，但这些都不是他们最难忘的纪念品。他们更可能回忆起对手流血的伤口、孤独的决定、破裂的关系、离婚文件，每年300个在外漂泊的夜晚和从未回复的手机短信。**冠军戒指很漂亮，而争夺戒指的战争是丑陋的。**

当你有竞争力的时候，你就知道自己赢得了那枚冠军戒指，但那还不够。你能再拿一个吗？然后再拿另一个吗？当你问汤姆·布雷迪，在他的7枚超级碗冠军戒指中，哪枚是他最喜欢的，他会回答说："下一枚。"

科比也是如此。就像我说过的，即使他带领着湖人队（当时的球队还包括未来的名人堂球员沙奎尔·奥尼尔）在2000年、2001年和2002年连夺3次总冠军之后，他听到的还是"是的，但他有奥尼尔"。此时，一个巨大的声音响彻他的脑海："在没有奥尼尔的情况下，我能做到吗？"他必须知道，他必须拥有更多。这就是伟大的竞争者进入下一个阶段的方式：**他们看到自己已经取得的成就，直到做得更好，不然绝不停下脚步。**

8年后，在他赢得了他的第4枚和第5枚戒指（都在没有奥尼尔的情况下）后，科比在赛后的新闻发布会上被问到第5枚戒指对他意味着什么。他没有夸夸其谈他取得的成就，或为赢得这些戒指而付出的努力。他抱着两个女儿，笑着说："我只比奥尼尔多赢了一个。"他说，"我以人格保证。"然后他停顿了一下，接着说，"你知道我是什么样的人，我什么都没忘。"

如果这引起了你的共鸣，我猜你已经参与竞争并取得胜利了。你知道击败竞争对手、同事、朋友及你自己的美妙感觉；你知道超越某人的感觉，就像他们根本不存在一样。你不会回头看你身后，你能看到的只有赢。它饶有兴致地看着你，并向你点头表示赞同。

但如果你没有经历过这些；如果你觉得自己没有足够的竞争力；如果你担心自己缺少什么；如果你看不到结果，你需要知道：竞争力是我们每个人都具备的。你每时每刻都在为某件事竞争，你的每一个决定都在竞争。在基本层面上，你每天都要面对阻碍你的挑战："我该去健身房吗？我该吃这个甜甜圈吗？我能准时出门吗？我今天能把工作做完吗？"

这就是它开始的地方。如果你在这些事情上都赢不了，就不会在其他事情上赢。如果你试着戒酒，但每个周末你还是出去喝酒，那么你每个周末都在输。正确的决定会让你更上一层楼，更接近赢；错误的决定则让你原地踏步。

当你能取得这些小的胜利时，你就可以开始争取更多：我要增加我的锻炼强度；我要减掉15磅（6.8千克）；我要早点到办公室，这样就能做更多的事情；我要完成比规定更多的任务。

每天你都需要在比前一天更高的水平上竞争。每一个小的决定、每一个小的变化，都带来新的挑战及更大的野心。你不可能在一天之内赚到一百万美元，建立起自己的帝国，或者赢得冠军。在无止境的日子里，你每天都要为它而竞争。这样你不仅是一个竞争者，而且还是一个真正的竞争者。在很长一段时间内，你每天都在进步。这不是偶然的，而是有意的。

你身边的人也和你一样。我说的不是你的"好朋友"，也不是给每个人一声欢呼，然后在短信里击拳祝贺的啦啦队长。我说的是那些值得信赖，与你有着牢不可破关系的盟友。朋友会告诉你想听的，而盟友会告诉你需要听的。盟友通过提升自己来提升他人。他们不必是你的朋友，甚至不必喜欢你，但他们与你有共同的愿景和目标，渴望相同的结果。他们是铁杆的伙伴，从不问为什么或要多少钱。他们已经知道了，他们愿意为我们的事业挡子弹。你不必问"你周末过得怎么样？"因为你知道他们千篇一律地过周末，只为想办法使自己变得更好。

德怀特·霍华德无意间让科比和奥尼尔重建了他们的关系：直到科比和霍华德一起打球，他才真正意识到奥尼尔是他的队友、盟友和竞争对手。

当你实现伟大时，你永远不必谈论它。盟友不会找借口，也不会听你的。仅仅说"嗯，我们工作很努力""我们已经尽力了"是不够的。赢希望你什么都不说，只展示结果。

伟大的竞争者用最少的语言交流，看一眼或瞪一眼。他们不会对炒作或啦啦队做出反应。我不知道你是怎么想的，但我受够了那些教练，他们把别人当傻瓜一样，告诉他们："你一定想要！去得到它！这是你的时代！超过竞争对手！熬夜！早起！战斗！杀！拥有它！"

你一点都不知道吗？

如果有人在这个层面上向你说教，那是因为他们认为你不会理解直接谈论竞争的真实感觉。他们甚至可能都不知道，上蹿下跳或大叫"兴奋起来"都是低级的废话，它们只起了一会儿作用。

我听说过最高职业级别的教练跟他们的球员说话时，就像他们还在上小学一样。"打球是为了球衣正面的名字，而不是球衣背面的名字！""把一切都放在球场上！我们必须打满60分钟！"自从你骑着自行车去当地的公园玩以来，你就一直听到这样的话。如果你是一名职业运动员，即便你还在上大学，也不应该再听到它们。

如果我用这种方式跟我的客户说话，他们会当面嘲笑我，然后把我赶出健身房。

正如我们之前讨论过的，竞争并不是要变得大声、恶毒和兴奋。你可以是世界上最善良、最温柔的人，但你仍然可以同时在各个方面都有竞争力。这是安静的欲望：饥饿、肾上腺素、疼痛、乏力、嫉妒、压力，如此多的压力。

我们都知道被一股渴望和嫉妒的浪潮席卷是什么感觉，特别是当你看到有人活在你的梦想中，享受着你想要的东西时。有些人说，看着别人实现他们为自己设定的目标会让他们更有竞争的动力。如果这对你有用，就让它起作用吧。但愤怒和嫉妒是一种小而微不足道的情感，你必须把它们转化为行动来创造结果。

我们浪费了太多时间谈论我们将如何赢，以至于忘记了最重要的事情，那就是真正实现赢。把励志标语挂在你的墙上和真正去做那些标语告诉你的事情，有着很大区别。

你可以"想要它""比任何人都努力"。但除非你能处理好障碍和挫折，除非你有一个主宰最终结果的计划；否则，你在很长一段时间内仍会想要它。

竞争不只是磨砺，还在于磨砺以求结果，还在于做实际可行的工作。每个人都在谈论磨砺，将其磨砺，继续磨砺。好吧，你可以进行磨砺，一直磨啊磨啊磨，可最后还剩下什么？灰尘。打磨变形，最终消失。卓越就是雕琢，通过巧妙地改变形状和形式，创造出前所未有的宏伟作品。当你进行雕琢时，你会策略性地删除不需要的部分和妨碍你的元素。这相当于不仅要努力工作，而且要聪明地工作。

你在创造什么，你想让它变成什么形状？

我们生来就注定要赢，这是根植于生存本能的。从婴儿身边拿走一

个奶瓶或奶嘴；在比赛或下棋时打败一个小孩；把东西给一个孩子，却不给他的妹妹。这些事都侧面反映出一个道理：我们想要一样东西，就会为得到它而战。你可以在蹒跚学步的孩子身上看到这一点。当他们没有赢时，他们做的第一件事是什么？他们拿块石头砸你的头，用曲棍球棍打你，暴跳如雷。没有人喜欢输，这感觉不舒服。赢的感觉很好，这种感觉像是一种权利，就像你应得的一样，你有能力拥有它。

我经常听到一些父母问我，如何让他们的孩子更有竞争力。他们很担心，因为他们5岁的孩子不想打棒球，或者在操场上追着其他孩子跑。他们认为这将会转化为一生中因被动而导致的无数失败。他们想教他们的孩子"想要它"。这些父母中有些人非常争强好胜，无法理解为什么他们的孩子与自己不一样。他们已经达到了如此狂热的程度，以至于无法接受自己的孩子没有同样的热情和痴迷。

还有一些从未赢过什么的父母，他们希望通过自己的孩子获得第二次机会。他们无法凭一己之力取胜，所以强迫孩子去实现自己从未实现的梦想。他们会在孩子的运动或活动上投入一切，希望孩子足够优秀，能够获得大学奖学金，而不管那是不是孩子的梦想。这些家长都迫切地想知道：你如何"教"会他们具有竞争力？

你不能培育出它，你只能激发出它。你可以树立榜样，你可以谈论期望，但你不能教会一个人想要什么。赢是你的一切。你无法为并非真心想要的东西而竞争，因为你无法感受到那种欲望、专注和渴望。你不希望别人得到它。这就是我们之前讨论过的"动机"的错误感觉。你可以对别人说"我们出发吧！"但除非他们知道你要去哪里，否则这趟旅行毫无意义。那些孩子可能不想要你强迫他们去追求一些东西，但你却将它们挂在他们身上，试图让他们"兴奋起来"。

可一旦等到他们失去真正想要的东西，你才会看到他们的激情。对孩子、对队友、对员工都是如此。对最终结果的渴望才是竞争的动力。

当你失去了为了什么而奋斗的激情，或者如果你一开始就没有激情，那是因为你并不真正在乎奋斗的结果。也许你是为了别人，也许你想做很多不同的事情，以至于你不能只专注于一件事。但当你找到真正想要竞争的东西，你会竭尽全力去奋斗，然后拥有它、保护它、留住它。

竞争告诉你真正想要什么。它会回应你的欲望、你的情感、你的本能渴望，如此之多，以至于你会爬过地狱，得到你渴望的东西。你甚至不用想，你就知道：那是我的。

竞争的现实是这样的：**为了达到最高水平，你必须完全渴望最终的结果，其他一切都不重要。你必须为自己而努力，而不是为别人。**你不能为别人减肥，你不能为别人创业，你不能为别人赢得冠军。如果你不去做，你就不会成功。如果你的生意停滞不前，如果你的工作业绩不佳，如果你没有朝着自己的目标前进，如果你不能释放自己的潜能，那么可能背后真正的原因并不是你所想的那样。

因为，当你找到你真正想要争取的挑战时，没有任何东西或任何人能够阻止你。

W1NNING
野蛮进化 ❷

第 6 章
CHAPTER 6

赢需要你完全投入，生活没有平衡可言

既然干了这行，我就会放弃必须放弃的一切，专注于此。我不在乎别人怎么想，如果结果会影响到我生活的其他方面，万不得已之时，我会自行应对。

我女儿大约五岁时，看着我正为一次长途旅行打包行李，问道："爸爸，为什么你要经常旅行？"

"这就是我照顾我们家的方式。"我告诉她，"我旅行是为了工作，这样我就可以照顾你和妈妈，让你们有饭吃。"

她沉默了一会儿，然后说了一句很刺痛我的话，远比别人对我说过的任何话都更伤人：

"如果我少吃点，那你能多待在家里吗？"

我不得不把目光移开，免得她看到她爸爸在流泪。我花了将近13年的时间才把这个故事讲出来，而不是忘记它。甚至在我写这篇文章的时候，仍被它深深触动。

我想，若是在一场电影中，好父亲此时应该做一个惊天动地的决定：从此不再旅行。此后，他永远不会错过学校的演出或排球比赛，也不必从世界各地打电话回家，对他的小女儿说："生日快乐！"

我继续收拾行李。当然，我拥抱了她，告诉她我很快就会回来。我们还谈论了我回来后要做的伟大事情，我们都做到了。但那天，我一直在收拾行李。你怎么向一个五岁的孩子或者其他任何人解释：他们是我生命中最重要的人，但现在，你满脑子想的却是另一件事？

如果你从来没有因自己的目标让别人失望而感到自我厌弃，你就从来没有体验过赢带来的陶醉感。赢需要你们所有人。它不承认爱或其他情感；它不关心你的其他责任和承诺；它需要痴迷，否则就会找别人消遣。

对我来说，这种痴迷就是我对客户的承诺。在他们需要我的时候出现，即使他们不知道自己需要我。问他们没人会问的问题，和他们一样努力工作，有时甚至更努力。在我这行，这意味着要站在他们所在的地方，出现在世界上的任何地方。这意味着研究他们所做的一切，他们如何移动，他们如何感受。这意味着痴迷于如何让自己变得更好。

这意味着有时不得不让五岁的孩子失望。写下这些东西让我很伤心，但我们要谈的是我们在追求目标时所做的牺牲和选择。如果我说这很容易，那是在说谎。这并不容易。

我承认我的工作占用了我大部分的时间、注意力和精力。这就是我的情况。它让我赢，并帮助我的客户赢。为了追求你所追求的，你愿意放弃多少，这取决于你自己。

你的痴迷可能是你的事业，或者是你的运动，或者是你的才华。也许你正专注于减肥或健身，或完成学业，或管理家庭。无论你想要完成什么，你都知道如果没有对最终结果的专注和完全的投入，你是不可能完成的。这有代价吗？有的，绝对有。

当你被驱使去完成一件需要耗尽你所有时间、所有注意力、所有精力的事情时，为其他事情创造有意义的空间是极其困难的。你不可能平衡生活的方方面面。

我知道这个话题会让很多人感到不安，因为很少有人愿意承认这种痴迷的程度。他们觉得这是自私、不负责任的；他们对自己的选择感到内疚；他们开始质疑自己的优先级。但你越是隐藏，越是假装自己能处理一切并"拥有一切"，你拥有一切的机会就越小。

每次我提到这一点，尤其是在对一大群人进行现场演讲时，都会有两三个人私下里来找我，而不是在问答环节找我。他们向我吐露生活中无法去平衡的事，就好像这是些肮脏的秘密。他们不想让任何人知道他们忽视了自己的家庭、健康或其他义务。他们知道别人在背后说什么，也知道当面会说什么："还记得我吗？你一日复一日只知道工作。太多的工作！你没有时间做任何事！我们从来没见过你。这一切什么时候才能结束？"

你应该锻炼，但不要"痴迷"；你应该工作，但不要成为"工作狂"；你应该做别人想让你做的事情，但仍然要"保持平衡"。

你脑海里的声音可能同样刺耳："我需要更多的时间陪伴家人；我需要去健身；我需要减肥；我需要休假。我有一张两百件杂事的清单。我总是告诉自己我要写本书。这一切都值得吗？"

听这些声音就像同时用谷歌地图、Waze 导航（Waze 是一个免费交通导航类应用——译者注）和 MapQuest 地图（MapQuest 是美国一家专业的提供网上免费地图的网站——译者注）。每个软件都给你不同的路线，不同的到达时间。而事实是：如果你想同时到达所有目的地，那么其中任何一个你都到达不了。

你不但不能集中注意力，同时也感到恐慌、混乱、失控、不知所措，以至于无法完成任何事情。你试着把精力投入到每件事上，却感觉自己是个彻底的失败者，因为你无法完成所有的事，至少不能成功地做完。你心烦意乱，很生气。你责怪别人对你要求太多，让这一切变得如此困难。感觉就像有一些看不见的敌人在拖着你，在你的道路上设置不可移动的障碍。

没有什么看不见的敌人，那个敌人就是你。

这就好像你被困在一个房间里，堆满了你一直以来囤积的所有责任和承诺。你想用你的成就填满那个房间，但结果却变为一堆没有兑现的承诺。你计划收拾残局，重新掌控局面，但这个房间混乱不堪，甚至找不到门。

你没有达成那一件可以改变一切的事，那件可以让你成为赢家、带领其他人、拥有财务自由和时间自由的事。你只是抬头看着赢，遗憾地耸了耸肩说："做不到，我太忙了。"

为一切分配时间，等同于浪费了所有时间。什么都赢不了。

赢需要你所有的时间和注意力。它应该是每周7天，每天24小时内，你脑子里唯一想着的东西。它可能会不情愿地让你花一小段时间在其他事情上，只要你能迅速返回，并且永远不停止思考赢希望你去哪儿。你身体可能在别的地方，但你的精神永远不会离开。

所以当你告诉我你想要不屈不挠，你想要赢，你痴迷于赢，但你也想要生活更平衡时，我必须告诉你真相：对于那些致力于赢的人来说平衡并不存在。停止与它抗争；停止对它感到内疚；停止寻找它。开始创造属于自己的生活，这对你和你的目标都有利，这样每个人都能赢。

如果这能让你感觉好一点的话，你不是唯一一个认为自己缺乏平衡生活各部分能力的人。同时，这也是我的商业客户中最常见的问题。虽然运动员们有休赛期，能让他们放下手头的工作，用几个月时间来恢复精力，但大多数人并没有在那两到三个月的时间来停止工作，恢复生活的平衡。没有休赛期，工作一直在继续，比赛永远不会结束。

平衡感是个性化的，因人而异。你无法努力让每个人都开心，并以此来找到幸福；你通过仔细审视你真正想要的，以及生活中的需求来创造它。你的生活，不是别人的。如果你担心什么是"正常的"生活，别人会怎么想及他们是否会同意，你就完了。你可以努力和庸人保持一致，但与此同时，其他真正的赢家会脱颖而出。

这就像拥有一套定制的西装。你想要这种布料、那些纽扣、那种衬里、那种裤子长度。对你来说，这是有史以来最酷的西装。然后另一个人看着西装说："你为什么要配这样的衬里？裤子有点长了？我不会选这种颜色。"也许你不会，但我会。去买你自己的西装吧，这套西装非常适合我。

听着，我希望你在成功的同时，还有时间与家人和朋友轻松相处；我希望你陪着你的孩子，他们需要你；我希望你和一个有相同愿望的伴侣拥有一段幸福的关系；我希望一切都简单有序；我希望每个人都不再对你失望和生气。最重要的是，我希望你不要再生自己的气。

但我也希望你有自己的目标和梦想，我希望你能赢。要想拥有这一切，就必须先放弃一些东西。你不可能同时拥有这一切，你必须习惯于这样的现实——某些事情必须等待。但是当人们感到生活失衡时，他们会做的第一件事是什么呢？他们开始做加法："我应该养条狗；我需要做更多的慈善工作；我得帮我的朋友搬家；我应该去参加这个派对。"

现在他们没有时间做他们真正想要做的事情，所以他们不得不放弃其他事情来跟上。"我睡得少；我可以凌晨3点起床；我将在黎明前工作；我要熬夜，整夜工作；我可以把这些都做完。"

不，你不能。你必须掌握"不"的艺术。"不"是一个完整的句子，它不需要解释，全世界都知道它的意思。他们可能不喜欢它的含义，但他们能理解。

每次你说"好"的时候，每次你真正想说"不"的时候，每次你说"可能"或者"不是现在"，赢就会转动它的眼睛，看着别人。

为什么说"不"这么难？我知道，你想要帮助别人，你想要变得友善，你想要表现出你可以承担一切，让一切顺利。但是赢并不需要你去做这些事情，赢需要你去赢。

第6章 | 赢需要你完全投入，生活没有平衡可言

我的客户列出了一个"不"的清单，上面写满了他们不想做的事情。这是一个不可妥协的提醒清单，提醒那些不是优先事项的事情。把这个清单放在手机里、桌子上，贴在镜子上、冰箱上，然后使用它。列出这个清单，这会让你从一个全新的角度，去了解什么是真正重要的，什么是搅乱你的日程和生活的。

不再增加，开始清除。

赢需要完全的专注。不是每一件事、每一个人都值得你花费同样的时间和精力。如果你想有更多的时间做你想做的，那么你花在下面这些事情上的时间就得减少：陪那些需要你整天和他们腻歪在一起的朋友；和 30 个认为自己的工作就是娱乐大家的人发短信群聊；与那些热衷于开会，却什么事情都解决不了的同事开会。

"这很重要。"他们说。但你认为的，对我来说不重要。

清除。

穿着加重的背心和背着满满的背包爬山容易，还是只带着必需品去爬山更容易？与其给自己更多的事情做，不如一开始就摆脱所有拖你后腿的事情，所有为了满足别人的期望和要求的事情。这些东西必须去掉。处理好这些，你就有更多的时间去做你生活中有意义的、重要的事情：家庭、孩子、健康……你自己。

你想要练习如何清除你不需要的东西吗？遵循这一原则：每个人都有这样一块"肌肉"，这对专注、分清主次并最终实现赢至关重要。你看不见它，也不能把它藏在衣服里炫耀，它是位于你内心的 IDGAF 肌肉。医学上正确的术语是"我不在乎"肌肉。某些人的这块肌肉比其他人更强，而且用得越多，它就越强壮。当你需要对你的生活和优先事项做出关键决定时，当别人告诉你该做什么，评判你的决定，并让你分心的时候，就是你展示这块肌肉的时候。你也可以把它用在自己身上，当你的恐惧

和怀疑在低语或尖叫着说你不够好时，当你不知道自己在做什么时。

"我听到你，但我不在乎。"

但你不能只是说说而已，你必须基于一个真正的决定来采取真正的行动。

你最开始使用IDGAF肌肉的那几次，它可能感到虚弱和疼痛，很容易疲劳，就像任何你不经常使用的肌肉一样。但当你经常使用它，并且适当地训练它，它就会变得强大、反应迅速。这提升了你的能力，让你与需要远离的人和事分隔开。

这种肌肉不应在愤怒时或做出情绪化的决定时使用。这是关于做一个你一直想做的决定，一个你知道是正确的决定，但无论出于什么原因，你都没有采取行动。

你几乎可以在生活的各个方面使用这块肌肉，它在平衡方面是一个特别有力的工具。这是给你自由的肌肉，"我不会参加这个活动，我有另一个承诺。这对我没用，我不会这样做。"

IDGAF肌肉是清除按钮背后的力量。

不要把你珍贵的时间花在你不喜欢的人身上，不要做你不想做的事。你想要什么？更多的工作时间？更专注于你的目标？更多的时间培养你们的关系？更多属于自己的时间？弄清楚自己的目标并做出决定，否则你在任何事情上都不会感到快乐。

当你做出这个决定之后，别再为此道歉。如果你需要承认你所做的选择的困难，那就去坦白吧！但仅此一次。在那之后，你的每一次道歉都会削弱你对自己做出正确选择的信心和信念。如果你真的不在乎那些不重要的事，那就坚持你的选择。

我知道有些人不相信这一点。"哦，要是有那么容易就好了。"当你知道自己想要什么和不想要什么时，就真的那么容易了。如果你想赢，

第6章 赢需要你完全投入，生活没有平衡可言

如果你想成功，我的意思是真的想要赢，而不是在事情顺利的时候有点想要赢，你会知道什么是你不需要的，什么是你需要清除的。

这就是你如何创造通向赢的平衡。

想象一个天平，一边是赢，就是这样。你所有的梦想、目标和抱负，它们都在这一边。另一边是其他的一切：家庭、朋友、娱乐、假期、承诺、义务……无论你生活中还有什么。

如果你正在读这本书，我会假设赢的一面可能比另一面更有分量。

但也许你觉得你需要更多的平衡，所以你开始摆弄天平，两边加加减减。减少一点工作，多看望你的亲人……不在周末查看电子邮件，开始和你的朋友出去玩……在你的生意上少投资些钱，在新车上多花些钱。不断调整这些组合，直到你最终达到完美的平衡。一切都是平衡的，祝贺你。

现在看看结果，一个完全平衡的天平上的数字是多少？

零。

你想要零幸福？

你想要零成功？

你想要零结果？

你想要零成就？

你给了所有的东西同等的重量，平衡了自己的一切。

如果你想在每一件事上都出类拔萃，就不可能生活在一种完全平衡的状态中。赢需要在天平上占据主导地位，直到在你承诺的压力下，它的重量降到尽可能低。它不可能在这么大的重量下完全崩溃，就像跷跷板一样——一个孩子蹬得太高，另一边的孩子就会摔下来。但它必须尽可能地承受你所能承受的重量，甚至还要再多一点。

你有责任控制这个天平，所以是你在控制它，而不是它在控制你。当它太重的时候，当你需要在另一边再加一点来把自己拉起来的时候，

你就决定要加什么。没人能替你做决定。

现在你开始为自己创造平衡。不要再剥夺自己在最高水平上需要表现的东西了。你需要集中注意力；你需要睡得好；你需要吃得好；你需要保持健康，并且不要为照顾好自己而感到内疚。如果你要坚持下去，这是很重要的，这也是照顾那些依赖你的人的最好方式。

相信我，我理解这种矛盾。没有人想要失去一段关系、伤害家庭或破坏友谊。但可以保证的是，如果你在追逐梦想或不知疲倦地朝着一个目标努力，你需要牺牲你个人生活中一些东西作为代价。如果不是这样，你可能并没有完全致力于实现这些梦想和目标。

这得由你来决定。但我不知道有多少成功人士，没有在人际关系中挣扎过。我不在乎他们在社交媒体上或家庭节日贺卡上展示什么。我认识太多"成功"的人，他们不断地炫耀着完美平衡的家庭生活，而事实恰恰相反。那些最吹嘘平衡的人，通常拥有的东西最少。这是一场由内疚和悔恨驱动的表演，不要上当。相信你知道的，而不是你看到的。

在某种程度上，追求赢和给予你周围的一切能量之间会出现脱节。其他人会说："你在百万千米之外。"你会想："只有一百万？"然后你就会意识到：你就在你需要去的地方。

我每一天、每一季、每一年都看着我的客户经历这些。他们错过了生日、假期、母亲节、父亲节、毕业典礼、婚礼、圣诞节。如果你是NBA的超级巨星，你会很少有机会在家过圣诞节。

大多数人耸耸肩说，"他们这样做可以得到很多报酬。"是的，他们确实报酬高。当你不在那里为你的孩子扮演圣诞老人，没法看着他们打开礼物，在另一个城市争夺冠军而错过你家孩子的出生时，这一切都会不容易。

没有平衡的生活意味着，在你的生活中其他人需要去理解、支持和等待你。当你追逐梦想时，需要一个强大而自信的人与你站在一起，把生活中的其他事情搁置一边。一个相信你和你所做之事的人，并且明白你的成功就是你圈子里所有人的成功。

我们需要一个像你这样浑蛋的人。

好的合作伙伴能共享你的执着和承诺。他们知道你疯了，但他们不觉得你疯了，这就是他们喜欢你的原因。你告诉他们你的计划，即使他们不完全理解你的目标，他们也知道你确切地知道你的目标。他们只会问："你想让我开车吗？"

如果你能找到那个人，那你就很幸运了。你最伟大的伙伴、关系、婚姻、友谊，都是那些最终共享你疯狂的人。这就是为什么我和我的客户合作得这么好的原因，我和他们一样痴迷于赢。

如果你需要伙伴关系和支持，那就去争取它。不要只是假设自己有权这样做，让这些人留在你身边，而不是在背后支持你。如果他们对你很重要，就让他们重要吧。他们不会觉得一切都是关于你的，他们被困在你的梦想中，而自己却一无所有。他们有自己的梦想，如果你不愿意支持他们的梦想，他们可能也不会留下来支持你的梦想。每个人都有责任不断创造有利于伙伴关系的赢。你们各自的抱负不必相交，你也不必喜欢对方正在做的事情。这并不意味着从事同样的行业或做同样的工作，这意味着与你们每个人需要做的事情保持一致，相互尊重和支持。没有这些，我们的合作关系就破裂了。

你伙伴的角色和你的一样重要，如果你想让他或她在这个角色上开心，你需要对未来的事情现实一点。如果你说你需要一个月来处理你的业务，那就在一个月内处理它。如果你需要 5 年的时间，那就承认这需要 5 年。不要要求"几个月"，然后 10 年后在身体或精神上仍然没搞定这些问题。

"说实话,这将会很难。这可能令人不愉快。我这么做是为了我们,我很感激你为此付出的代价。我坚持,这是值得的。"然后确保这是真的值得的。

当你在场时,就在当下,放下电话,关掉笔记本电脑。不要只是为你生活中的人"挤出时间",而是要投资这段时间,回馈给那些为你付出过的人。你的比赛还没结束,你还需要他们,让他们有时间继续投资你。

平衡是一场无情的拉锯战,胜者为王。旗帜在中间,那就是平衡的位置。如果你足够努力去竞争,你就可以把赢拉到你的一边;反之,如果你输了,赢会把你拖入泥潭。你的目标是竭尽全力,夺取胜利,赢得战争。

准备好了吗?

你设法把赢拉近一点,一旦旗子偏离中心,平衡就会减弱。开始不错,但你还没到那一步。你会更深入地挖掘,并意识到自己正被拉向另一个方向,不是因为赢,而是因为其他义务。你得把它们放下!现在你可以更坚定地用力拉了。你非常想要这个,但是你被其他事情分散了注意力,并且意识到,现在你必须屏蔽除了这个竞争之外的一切,全神贯注。

平衡完全消失了,现在你的注意力变得更敏锐,你的愤怒变得更强烈,你的肌肉在燃烧,你的皮肤在撕扯你的手,你不能呼吸。更用力、更困难,再走一步,拉到手臂发抖。现在只有你和赢了。还有一步……快到了……赢会向后一跳,笑着把你拉回起点。旗帜回到中间,平衡恢复。然而你却不能放手。你不能松手,你不能再输。你已经走了这么远,牺牲了这么多。

你都没意识到自己有多脏。你忘记了你鞋上的泥、手上流血的水泡。

你根本不在乎，你不会停止，直到你赢了或者赢让你放弃。而你不会放弃的。然后你环顾四周，就会发现：没有负担，没有干扰；只有你，为自己和所有你在乎的人而战，为一切而战。在这段时间里，你不会想任何其他事情。你对你正在做的事情百分百投入，其他的事情可以先放一放。

这里没有平衡。

你再次拿起那根绳子。你拿条毛巾把手上的血擦干净，让赢看到这是它的兴奋剂。然后继续，与赢的拉锯战仍在继续。或者，你可以站在中间，保持完美的平衡，然后离开。回到安全地带，回到中立地带。不是这里或那里，不是前进或后退，不是上或下。你不再是一个人，因为其他人都在中间陪着你，这里没有决定或承诺，你可以永远保持一个普通人的身份。这很好，很平静，但这绝对不是赢。

这是你的战斗，你通往伟大的竞赛。你如何实现它，以及你是否通往实现它，完全取决于你"自私"的优先考虑能力，一旦决定绝不后悔。

W1NNING
野蛮进化 ❷

第 7 章
CHAPTER 7

• • •

赢想让你用结果说话，而不是为自私道歉

如果你的目标是成为业内翘楚，就不能顾虑自己的行动是否会令他人不快，或者担心他们会如何评价你。别跟我谈感情，我要你为实现自己的目的不择手段。

在公牛队《最后一舞》的赛季开始时，斯科蒂·皮蓬宣布他将接受脚踝手术来修复断裂的肌腱。皮蓬当时是我的客户，我们讨论过他是否应该在1997—1998赛季之前的夏天做手术。这样的话，他就可以在赛季开始时为新赛季做好准备。

但皮蓬选择了等待，部分原因是他不想在夏天处理这件事，也因为他对自己的合同不满意，这份合同使他成为公牛队薪资第6高的球员，在那个赛季的联盟薪资榜中排名第122。当时，由于皮蓬想要一份安全的长期合同，他不顾自己经纪人和公牛队老板杰瑞·劳恩斯多夫（Jerry Reinsdorf）的建议，签下了一份远低于自己价值的续约合同。现在他不高兴了。他觉得他们给的钱不值得他做完手术后赶回来打比赛。

如果你看过《最后一舞》，你可能会记得，有人对这支队伍说，1997—1998赛季将是他们比赛的终点。下赛季主教练菲尔·杰克逊不会被再次聘用回归，主要是因为他和总经理杰里·克劳斯不和，也因为包括皮蓬在内的一些球员不会重新签约。因此皮蓬这位公牛队的第二位伟大球员，决定在赛季初接受手术，并错过了前35场比赛。

在《最后一舞》中，乔丹说队友斯科蒂·皮蓬"自私"。

"皮蓬错了。"乔丹说,"他本可以在上个赛季一结束就做手术,并为下个赛季做好准备。皮蓬想做的是强迫管理层改变他的合同,但老板杰瑞不会那么做的。所以我一开始就知道,他不会在新赛季开赛时出现了。"

"我觉得皮蓬太自私了,只关心他自己,而不是对他所处的组织和球队负责。"

但并不是所有的队友都这么想。

"每个人都很尊敬斯科蒂,"史蒂夫·科尔说,"我们感受到了他的沮丧。他本应该是NBA收入第二高的球员。因此我们都同情他,没有人因为他做了那个手术而怨恨他,我们都理解他。让我们给他一些空间,他将在这个赛季的第二阶段为我们而战。"这件事的后果是显而易见的。有些人认为斯科蒂把自己的需要排在球队之前,所以他是自私的。但很多人认为迈克尔·乔丹抨击一个一直陪伴在他身边的,被他称为"我有过的最伟大的队友"的皮蓬是自私的。

你告诉我:自私?他们俩都有?两者都没有?我还不想让你回答。继续读下去,我们会回到这个问题上。从这里开始:你对"自私"的定义是什么?我会给你一些选择,你也可以加上你自己的定义:利己主义者、自恋、以自我为中心、自私、虚荣、自负。

如果你正在解决我们刚刚讨论的平衡问题,你很可能被冠上上面这些词汇中的任何一个(或所有的)。这可能不是一种恭维,你可能被冒犯了。

赢希望你说声"谢谢",然后继续做你一直在做的事情。

事实是:赢需要自私。赢家不在乎你怎么想。他们知道如何说"不",并且感觉良好。他们不会介意商务会议在90秒后结束,因为他们已经听够了。他们不会为了迁就别人的感受而假装喜欢某个想法。他们从不承诺任何事情,除非他们看到了对自己或他们的目标有好处。他们的时间和日程安排是他们最优先考虑的,除非有必要,否则他们不会主动联系别人。他们很少这样做。

自私吗?可能是。有效吗?他们用结果来说话。

赢家不需要被人们喜欢,他们只是需要那些结果。如果他们实现了结果,他们就不会为你认为的"自私"而后悔。

这让我想到了皮蓬。我认同他的决定吗?我更希望他能和球队的其他队员一起开始这个赛季。但是他做了他认为对自己有利的事,他知道自己行为的后果。他知道乔丹会对他不满,他也都愿意接受。自私要求你坚持自己的选择,并勇敢地面对他人的反对。

当他回到球队时,我们确保他已经准备好了。他面对着他的队友,他们都得回去工作了。在本赛季剩下的每一场比赛中,他都首发出场。场均上场 37.5 分钟,场均得分 19.1 分。最终的结果是:拿下了第 6 枚冠军戒指。

至于乔丹,他没有办法假装认同皮蓬的决定。如果乔丹认为你错了,他会毫不犹豫地追究你的责任。但他知道什么才是最重要的,他总是把自己大部分的成功归功于皮蓬。他在名人堂演讲中提到的第一个人是谁?"在所有的比赛里,你们不仅能看到我,"他说,"还能看到斯科蒂·皮蓬,以及我们一起赢下的冠军。"

斯科蒂知道他的决定会受到评判,乔丹也知道他会因为自己的回应而受到评判。但他们俩谁都不在乎。

当《最后一舞》上映时,人们开始看到乔丹与队友及联盟其他球员的真实关系(例如乔丹对斯科蒂的评论)。许多人很快指出他对人是多么严厉,甚至有点虐待他们,但有时他又是善良的。当然,许多球员指出,这种苛刻是在接收方那边。但也有很多人批评乔丹对那些没有达到他标准的球员施压的方式,以及他如何明确表示只有一种方式可以和他一起打球，那即是他的方式。他以这种方式赢得了6次冠军。

结果很重要。

你可能读到这里的时候会想，这不是我的风格。也许不是。但我敢打赌，如果你真的更深入地了解，你会发现你为自己做的事情，都可能被别人认为是自私的。每个人都会有自私的时候。当你真正想要最终的结果时，那些事情就不再是一种选择。它们是必要的。

我知道很多心理学家和"专家"都在谈论支持、积极和宽容的好处，而不是严厉、严格、苛刻或挑剔的正面影响。如果这种柔和的方法对你有效，我的意思是你有可以衡量的结果，而不仅仅是让你成为"受欢迎的"团队领导，那么，继续做你正在做的事情。

迈克尔·乔丹知道一种方法，而且奏效了。不只是为了他自己，也为了他周围的人。如果这让他变得自私，他会很乐意给你看他的6枚戒指，然后说："不客气。"

为什么被认为是"自私的"是不对的？

"自我"这个词，字面上指的是你的身份、你的个性、自我定义。书、歌曲、T恤衫、海报和40亿个脸书帖子都在告诉你"爱自己！""发现自己！""照顾好自己！""做你自己！"

如果你全部精力倾注于自己，那不会显得你很自私吗？好像这是件坏事？这并不是一件坏事。如果你想赢，这是必要的。

现在，在你犯重大错误之前，让我们先弄清楚一件事：自私的赢家和自私的输家是有区别的。一个自私的输家夺走所有人的东西，但不知道如何利用他夺走的东西，也没有人能从中受益，包括输家他自己。例如：一个让团队分心的球员，表现很差，还责怪其他人。例如：一位企业老板给自己的薪水很高，却忽视了企业，给员工的薪水远低于他们创造的价值，导致员工没有动力去生产。但这位老板却指责员工表现不佳，从而导致企业运营不佳。再例如：那些因为自己的疲惫、无聊，或者只是不想被打扰而取消孩子活动的父母。

我们讨论的不是这样一种自私。

我们说的是出于各种正当理由而专注于自己的能力。自私的赢家给自己带来信心、勇气和清晰的思路，他们最终也可以把这些传递给别人。他们还给了自己时间、空间和注意力；他们给了自己赢得胜利的自由；他们知道什么时候把自己放在第一位；他们不会为此感到难过，因为他们的成功会激励身边的人。世界上一些最慷慨的人，比如沃伦·巴菲特、比尔·盖茨和梅林达·盖茨、沃尔顿家族（沃尔顿家族的山姆·沃尔顿创建了沃尔玛，并且沃尔顿家族持有沃尔玛48%的股份，价值1369亿美元，这也使他们成为美国迄今为止最富有的家族——译者注），能够为他们支持的事业捐赠数十亿美元，是源自他们几十年来自私的努力和承诺。

泰格·伍兹的整个成长过程费尽了他父母的全部精力，他们专注于塑造他的职业生涯，也有人会说这是自私的。父亲厄尔·伍兹和母亲库尔蒂达·伍兹为他们自己和儿子创造了一种生活方式，使得这个家庭能够完全地、自私地专注于泰格·伍兹的高尔夫和学术教育，并最终取得巨大的成功。他是他们唯一的首要任务，他们为他付出了一切，因为他们相信结果。

为什么确认自己的优先级这么难？为什么当你这么做时，别人会感到如此不安？当你做所有人都认可的事情时，如吃饭、睡觉、锻炼、社交、冥想，没有人会说你自私。他们这样想，你知道，是因为这些事本身就是正常的。但当你开始做一些没人在做的事情，那些他们不赞成或不理解的事情时，你就会听到他们的抱怨。

所以我们想出一些可爱的方法，以此来"正常化"那些我们需要把自己放在首位的需求。"愿望清单"（bucket list）、"家中秘境"（man cave）、"私人时间"（me time）、"女孩之夜"（girls' night out）。任何可以避免直接称呼它的东西：时间和空间。它们都是关于你的。

我和每个声称"没有自己的时间"的人交谈。是的，你有。你只是选择把这些时间花在其他事情上。你不能去健身房；你不能开始新的项目；你不能把你的职业生涯提升到一个新的水平；你不能一整天什么都不做。为什么？"我没有自己的时间。我有太多事情要做。我向某人许下了承诺。我不能说不。"

事实是：**除非你先帮助自己，否则你无法帮助其他所有人**。

你必须适应这一点。如果不优先考虑自己的目标和梦想，你就无法创造自己的赢。使用"不"的名单和我们在讨论平衡时谈到的IDGAF肌肉，并不是自私的。这对你的成功至关重要。

自私让你能限制进入你核心圈子的人。当你优先考虑你的时间和精力时，你不得不做出艰难的选择，将谁包括在这些优先事项中。你的家人吗？你的朋友呢？那些想告诉你什么对你最好的人？那些说你想听的话的人？如果你周围的人总是提醒你，他们从未见过你，你太忙了，你需要放松一下。这可能是因为你有太多的朋友，而没有足够的盟友。盟友知道你需要什么，你为什么而战，你也知道他们会与你并肩作战。朋友有时会因为你的成功而感到威胁，而盟友明白你的成功不会影响他们。

但是自私总是伴随着严肃的责任。如果你想把自己放在首位，就必须有一个结果，让一切都值得。你赢了吗？你的自私是否让你创造了一些积极的东西？它有没有让你更接近你的目标？它是否以某种方式使你受益，让你对自己的决定感到满意，即使没有人同意你的决定？你愿意为此付出代价吗？

这种代价的一部分，也许是最重要的一部分，就是接受这样一个现实——你经常会做出让别人不开心的决定并采取行动。

最终，你要学会不在乎。你就是要这样来远离阻碍你和赢站在一起的一切人和事，你要学会分隔。但分隔不仅仅是为了远离他人，更是关于远离自己。改变自己有局限的信念和习惯，战胜自己的不安全感和恐惧感，并创造出新的期望和价值观。这是对自己提出的新要求，并排除了那些想要阻止你采取行动的噪声。

分隔是指在你所做的每件事上创造新的水平，从你的理念和策略到你追求卓越的精神方法。你不需要像其他人一样优秀，你得变得更好。

分隔就是力量，掌握决定的力量，从你现在的位置到你想要去的地方的力量。分隔是停止活在别人为你写的故事里的能力，是提升自己的能力。

分隔也是一种自由。当你赢得了远离普通、典型和"正常"的能力时，你也赢得了当有人告诉你"留在你的车道上"时大笑的权利。你没有车道，整条路都是敞开的，一切都属于你。你可以自由地选择、决定和行动。

分隔只关乎你自己，以及你真正想要和需要的东西。在你做一些新的、大胆的、可怕的事情之前，回到安全领域很容易，但你知道安全会让你付出什么代价。所以你要迈出一大步，你知道自己不能再待在原地了。

这并不容易，而且也不是没有罪恶感的。如果你曾经不得不离开你的家人或朋友；如果你已经离开你的团队加入了另一个团队；如果你曾经违反传统或习俗。那你就已经知道了，别人不会喜欢的，他们会让你知道。你必须做好心理准备，让那些认为自己应该对你的所有决定有发言权的人失望。你必须决定自己是否更需要结果，而不是他们的批准。

所以当他们说："你疯了吗？"你必须准备好回答："是的，没错，我疯了，谢谢你。"因为如果你致力于赢，如果你决心成就伟大，你就必须有一些疯狂。你需要确立一个别人甚至无法理解的愿景和梦想，而且你必须接受这一点。你的结果会解释一切。我知道我做到了。

我父母是印度人，我是他们最小的儿子，他们在我4岁时把我们全家带到了美国。我的父母都在医疗领域工作，我从小就知道我只有两个职业选择：可以成为一名医生，或者成为一名医生。我两者都没选择，我想和职业运动员一起工作。

"你要做什么？"我的父母很伤心。"我要和职业运动员一起工作。"但为了让他们开心，我同意申请医学院，并祈祷自己不会被录取。我真的想让他们开心，但我只是不想成为一名医生。我被录取了，这触发了我人生中最困难的一个"自私"时刻。我告诉我的父母，我不会去医学院，也不会成为一名医生。

说他们感到失望实在是轻描淡写了，尽管我后来获得了运动科学的硕士学位，并成功地找到了一份体面的，也正是我告诉他们的工作，即与职业运动员合作。但幸运的是，我的父母爱我、支持我，即使他们不同意我的决定（尽管在我和乔丹、科比、韦德及其他人一起取得成功之后，他们仍然会不经意地提到一份有福利和401[k]养老金的"真正的工作"的好处）。

我自私吗？我让你决定。我为自己做了一个选择，辜负了家人的期望，并把我的一生都献给了这个选择带来的结果。我希望有一天你也能像我一样自私。

在我的职业生涯中，我做的大部分事情都是关于分隔。当我在1989年开始训练乔丹时，很少有训练师直接与职业运动员合作。训练师通常为球队工作，这是他们接触球员的方式。但是乔丹想脱离公牛队的标准训练程序，这就是他雇用我的原因：他想要一个能满足他独特需求的训练程序。所以当球队试图告诉我如何训练他时，我很礼貌，但保持距离。我意识到，要想使所有追随我的客户能从中受益，我就必须保持这种方式。

直到今天，我还从未被任何团队雇用过。我为团队做顾问，与团队合作，但我一直是为运动员一个人工作。我需要这种明确的分隔来有效地完成工作。

但分隔并不意味着切断一切联系，拒绝合作。协作与合作在我的事业中必不可少，可能对你们的事业也是如此。我曾与许多公司团队共事过，他们在公司内部都有一种"去他的"的态度，不同的团队和部门在程序与结果上相互争斗。一些人认为，它创造了一个健康的竞争环境和一种"厉害"的心态，促使人们提高自己的工作标准。但如果你曾经在有着这种文化的公司工作过，你就会知道事实并非如此。

为了让我的工作更有效率，我需要与和我的客户相关的每个人都达成共识，他们也需要知道这一点。从总裁到总经理，从培训人员到参与我们共同成果的其他专业人员，都要与团队成员相互尊重地沟通。你想要他以这个体重参与进来吗？你想在他的比赛中解决这些问题吗？本赛季你打算如何用他？我懂了，我们会保持联系的。我总是保持开放和合作的态度,这为我赢得了很多团队的极大信任,这些团队通常对"外来者"保持警惕。

当谈到客户的进步和锻炼时，我也会区分开来。我很少发布我和运动员一起工作的视频或照片，我也很少谈论我们正在做什么。我知道，训练师使用社交媒体来炫耀他们的客户是现在的标准做法,不仅是在健身房,还在俱乐部、高尔夫球场、游泳池,甚至在度假时。我走了另一条路。以下是我的社交媒体与我的运动员相关的范围:如果你与我的客户有关系,如直系亲属、经纪人、团队人员、健康专家等,并且你得到了他或她的许可,我很乐意给你发送视频和照片。不管我们在做什么,你都有权索要这些视频或照片。或者如果我的客户想在他们的社交媒体上发布一张我们工作时的照片,或者让我发布一些东西,那是他们自己的事。否则,我需要把我们的工作和娱乐与媒体业务分开,并保护我的客户不受那些不需要参与到这项工作中来的人的影响。

我的谨慎和对于隐私的重视,是我受雇于企业领导人、企业主和名人的原因之一。我不会和媒体谈论我们正在做的事情;我不会把他们的短信截图发布到社交媒体上;我不会带着摄像组拍摄我们的工作现场。这有什么关系呢?因为赢是你唯一的优先事项。这需要你完全专注,集中你的全部注意力,以及全身心投入,以实现你想要的最终结果。对我来说,在社交媒体上发布锻炼成果并不是一种能带来结果的投资。它只能让我们获取关注,但没有结果。如果我做好了自己的工作,我的客户做好了他们的工作,最终的结果不言而喻。其他人可以谈论它们,而我们从来不用发布任何东西。

赢是一种投资,是做出"自私"选择的结果。这些选择赋予了你追求目标的力量,把你与限制和不安全感分隔开来,并在你曾经去过和你想要去的地方之间制造距离。

这些事情不是偶然发生的。当你决定优先考虑你的抱负和你的结果时,它们就会发生。这是你一生中最大的一笔投资,在你准备好投资之前,你甚至不能去考虑"赢"。

如果你知道你应该得到更好的结果，并相信你值得付出努力来取得这些结果，那么是时候变得自私并参与投资了。对一些人来说，这意味着要分配资金资源。对其他人来说，这关乎教育和学习。这可能是一个改变工作、减肥、戒烟或发展一段感情的决定。这可能意味着时间、金钱或思维方式的转变，这要由你来决定。但是不管你的投资需要什么，你都要去做，因为没有人会帮你做。

你自己都不相信自己，怎么能指望别人相信你呢？

有很多原因导致人们在投资自己时犹豫不决。他们感到自负；他们认为自己不值得；他们觉得自己会失败；他们认为别人会评判他们，也许这是在浪费钱。"我能负担得起吗？"他们不知道。我要问他们的问题是："你能接受不这么做吗？"

如果你拥有一个需要经常出差的成功企业，那么购买一架商务飞机，从而更有效地利用你的时间和资源，这真的是一种"奢侈"吗？或者，如果你买不起飞机，那么为了在旅行中有足够的空间工作，去机场休息室或坐头等舱，是不是一种"浪费"？如果你的业务涉及开车带同事去看潜在的房地产投资，那么，为了让乘客感到舒适而买辆好车是不是"华而不实"？如果你远程办公，所有的会议都在网上召开，难道不应该考虑花钱购买高质量的设备，让自己看起来或听起来更专业吗？

当媒体报道运动员中的超级巨星在他们的训练和健康上花费数十万美元时，我总是感到惊讶，好像这是一种疯狂的奢侈。有专门的厨师！专门的按摩师！他家里有一整个健身房和一个篮球场！这些都不是奢侈品，而是商业伙伴。你说的是八九位数收入的运动员。你不认为他们应当投资其中的1%来确保自己的强壮和健康吗？以此来延长他们的职业生涯，这样他们就可以继续赚更多的钱来进行这样的投资？

但让我们明确一点：这不是花了多少钱的问题。如果你没有在最终的结果上投入你的时间和努力，那么，金钱投资是毫无价值的。有多少次你放弃了以某种方式变得更好的机会？当你知道自己该做什么，却没有去做的时候？你是否会经常尝试"重塑"自己，而不是投资你自己？

我听到很多年轻人想进入训练师行业，和专业人士一起工作。他们想知道如何实现这个目标，比如是否有个秘诀可以让他们进入这个行业。无论你是想和运动员一起工作，还是设计摩天大楼，抑或是发现一个星球，我都只有一个答案：投资于你的教育和技能。没有捷径，也没有快车道。迈克尔·乔丹雇用我，是因为我向他展示了一个引起他兴趣的项目，然后我用结果证明了这一点。

多年来，我一直在学习、试验、制订一个个计划，希望有朝一日能改变运动员的训练方式。这要靠你自己来实现。如果你的家人不支持；如果他们认为你会失败；如果他们告诉你这太难了，并且告诉你你犯了一生中最大的错误：你要么同意，过着他们为你选择的生活；要么为自己的选择承担责任，找到一种你想要的生活方式。

你已经知道我会怎么做了。

我知道有很多成功人士没有上过大学，他们也坚信自己不需要上大学。他们会告诉你这是在浪费钱，不上大学你也能成功，因为他们做到了，你也可以。我非常不同意这种观点。这对他们很有效，那太好了。但是，那些没有上过大学的失败者呢？你是否认为放弃这种经历仍然能让你在现在和将来实现你想要的一切？接受教育，挑战自己去完成某件事的坏处是什么？你不需要去上一个四年制的大学，但要得到一些让你与众不同的东西，来表示你已经超越了其他人。

赢需要街头教育、正规教育、常识（并不总是那么普遍）和真知灼见的结合，因为赢绝对是不寻常的。他们可以拿走你的一切，你的房子、钱财、衣服、汽车、飞机。但他们不能拿走的是你所受的教育和你学到的东西。如果你真的失去了一切，你唯一能指望的就是你接受的教育。

投资你自己，因为你值得。想要更多并不是自私，在赢的地狱中生存下来才是必要的。

W1NNING
野蛮进化 ❷

第 8 章
CHAPTER 8

• • •

赢带你走入天堂，也能将你带入地狱

即便经历全世界的痛苦，你也从不躲藏。按时训练，直面不幸、批评和嘲讽。所有人都以为你将一蹶不振，可你却进入了白热空间。

2007年的一个深夜,科比·布莱恩特给迈克尔·乔丹打电话寻求建议。他说,他的膝盖痛得要命。他已经在联盟打了 10 个赛季,他相信自己还能再打 10 个赛季,但他不确定自己还能承受多久的身体伤害。他不知道满是伤病的膝盖还能支持他打多久。

乔丹了解后,说道:"给格罗弗打电话,他会照顾你的。"他已经退役了,在和我共事了 15 年之后,他非常高兴看到我在早上 5 点出现在别人家门口。

他和科比分享了一些我们一起做过的事情,以及为什么他认为我就是科比想要的答案。"他是你见过的最可恶的浑蛋,"迈克尔·乔丹说,"但是他很了解自己的本事。"

你真的找不到比迈克尔·乔丹的赞美更好的东西了。

科比已经在 2000 年、2001 年和 2002 年赢得了总冠军,并被认为是史上最好的篮球运动员之一。但是球队从巅峰坠落到了谷底:沙奎尔·奥尼尔不高兴,要求交易,他最终被送到了迈阿密;教练菲尔·杰克逊在被解雇前就离开了,并写了一本书对科比进行了严厉的批评。整个球队陷入了漫长而痛苦的重建过程中。而现在,那 3 枚戒指对科比来说，是摆在他面前的一个非常真实和令人不安的炸弹，它随时会爆炸。

到2007年，距离上一次获得总冠军已经过去5年了，赢不再接受科比的召唤。他本可以放弃，拿着他的3枚戒指说："这已经够好了。"他本可以屈服于他日渐恶化的膝盖，少打一些比赛，慢慢地结束他的职业生涯。

但他没有这样做，而是给我打了电话。我很高兴成为别人在其他方法都不管用时，最后打电话求助的那个人。对我来说，这就是赢。那是我第一次带他锻炼，一个小时后，他汗流浃背地看着我，问道："我们还剩下什么？"

我告诉他："通往天堂的路始于地狱。"科比曾到过天堂，也曾经历过地狱。他在这两者之间来去没有任何问题。

我们在一起工作时并不容易，他也没要求让我们轻松。我们必须在不改变他比赛方式的前提下改变他的身体。他知道我们所做的一切对他来说都是全新和不同的，从他的锻炼和训练到他的睡眠时间表和饮食都是如此。与他共事的每个人，从团队成员到其他精英从业者，都知道这个挑战：我们将达到一个新的高度。

只有当你带着比第一次更强烈的执着去争取，赢才会给你另一次胜利。

我们所做的工作绝对称得上地狱。不是因为它太漫长了，或是像不必要的惩罚（我不相信这一点），而是因为我们有一个严肃的目标，并且实现这个目标需要把握许多同样严肃的细节。休赛期的其他队友和球员看到了我们在做什么，也要求加入。但仅此一次，因为他们永不会要求再尝试第二次了。

我会让科比保持一个深弓步的姿势，要求他的后腿尽可能伸直，膝盖尽可能靠近地面而不碰到地面，同时用篮球练习完美的投篮姿势。这样的动作持续5分钟，每条腿保持5分钟。

试一试。你会听到赢在远方某处发出的笑声。

有时候，我会画一个 16 英尺（1 英尺 =30.48 厘米）宽，15 英尺长的空间，然后按 NBA 比赛球场的标准圈画出一个油漆区域。我们的锻炼都是在那个小空间里进行的。我会让他在有球和无球的情况下，向每个方向以不同的速度旋转、转身、跳跃、停止、前进。然后我会问他什么动作让他感到疼痛。我需要知道他是在什么时候感到疼痛的，一开始还是在两到三步之后，然后是当他停止、起步、跳跃，或着地的时候……每一个细节。我们会找到它、解决它，并努力使那个部位不再疼痛。然后我们会开始另一种动作，并努力使它同样没有痛苦。就这样，日复一日。他从不犹豫，从不逃避锻炼，从不逃避困难的挑战。

当人们谈到科比的伟大时，他们通常会说："他付出了努力。"没错，但他们没有抓住重点。像乔丹和科比这样的球员不只是在努力，他们不断地提升。因为要摆脱地狱，你必须提升一切。他们从不停留在已经到达的地方，他们总是不断地增加筹码，让自己爬得更高。他们知道，如果一直做同样的事情，就会得到同样的结果。为了变得更好，他们不得不投入新的、不同的工作。

如果你不进步，如果你找不到挑战自己的新方法，你就只是苹果 iPhone 世界里的黑莓手机。其他人都在不断改进，而你仍然在运行陈旧的软件。

科比和我都有同样的想法：延长他的职业生涯，让他恢复到最佳状态，不仅仅是和他以前一样好，而是比以前更好。当然，最重要的是：赢球。

到 2009 年，科比赢得了他的第 4 个总冠军。2010 年又赢得了另一个总冠军。2009 年总决赛期间，有记者问他感觉如何。"我感觉很好。"他说，"这是我整个职业生涯中，感觉最好的一次赛季末。"看到他健康、强壮，并回到赢的精英俱乐部，这对我来说是一场胜利。

第8章 | 赢带你走入天堂，也能将你带入地狱

欢迎回到天堂。

但通往天堂的道路是双向的，你爬到顶端的速度和你从上面滑下来是一样快的。事实上，赢从不让你"失望"。赢不会让你逗留，它会在游行队伍中迎接你。当你拿到奖杯时，它会大声欢呼，然后护送你到停车场。在那里，接送你的巴士会有一个新的标志，上面写着它的下一个目的地——"地狱"。

过了10年，湖人队才重返总决赛。人们认为赢是解决一切问题的辉煌胜利。它确实是，虽然只有一会儿。但如果你停留在那一刻太久，赢将确保你再也不会拥有那一刻。

这是一个永无止境的循环，而不是单程旅行。你想赢吗？从底层开始，一步步往上爬。恭喜你，你赢了。你还想有那种感觉吗？回到最底层，然后再往上爬。恭喜你，你赢了。你还想有那种感觉吗？回到底部……没错，你懂了。

即使当你达到了顶峰，赢也希望你随身携带地狱的一块碎片，这样你永远不会忘记你从哪里来，也永远不会忘记你可能随时会被遣送回那里。

赢是消除地狱副作用的止痛药。毁灭性的精神和身体压力、破碎的人际关系、挑剔的朋友、漫长的工作时间，这些都可以通过赢来减轻。你想要的一切，例如：自我满足、骄傲、金钱、名誉、荣耀、安全，也都可以通过一剂强大而持久的"赢"药剂来获得。

但警告标签上的信息是：赢是一种药物，每次服用的剂量都要比上一次更大。每赢一次，你就会学到更多，经历更多，知道什么会出错，知道如何为重回巅峰做好准备。因此，这个剂量必须逐渐加大才能变得更有效。你不能只吃一点点，你必须上瘾才行。

迈克尔·乔丹比大多数人更了解这一点，也更了解回到地狱的本质，这是他伟大的原因之一。在职业生涯的早期，他在球场上被底特律活塞

队揍得很惨。他知道如何锻炼自己的身体，使其强壮到不再受伤害。他在联盟里打了 7 个赛季，（是的，7 个赛季）之后才最终到达天堂，这是他与赢 6 次共舞中的第一次。

然后，他又回到了地狱。他的父亲被谋杀了，媒体和公众对迈克尔·乔丹个人生活的关注也失去了控制。1993 年，他决定离开 NBA 去追逐另一个梦想，他想打棒球。在两个赛季里，他乘坐小联盟的巴士，参加了 127 场小联盟的比赛。当他正在努力进入美国职业棒球大联盟（Major League Baseball，MLB——译者注）时，MLB 的球员在 1994—1995 年举行了罢工。他被要求越过纠察线，继续比赛。他拒绝了，并决定是时候回到他的初恋——篮球身边。他想再赢一次。

当他在 1995 年赛季中期回到 NBA 时，我们有两个月的时间让他为季后赛做准备。两年的棒球比赛和练习已经使他的身体以一种完全不同的方式去运动和表现，我们只有相对较短的时间来重建他的篮球身体。这还不够。公牛队在 1995 年的季后赛中输给了奥兰多魔术队，很多人都认为"真正的"乔丹已经完了。他们说："你不能休假两年，然后再回来。结束了。"

"给我看看。"赢说。

"看着我。"迈克尔·乔丹说。

在公牛队输给魔术队的那天晚上，大家都离开了。我们坐在黑暗的球场上，什么也没说，但沉默透露了一切。当他终于准备离开时，我想这是我那段时间里最后一次见到他了。因为他通常会在赛季结束时休息一段时间，然后才开始我们的训练。

"准备好了就给我打电话。"我说，"你想让我什么时候见你，请告诉我。"

"我准备好了，"他回答，"明天见。"

是时候离开地狱了。

这是他每个赛季开始时都会经历的旅途,已经经历过很多次了。他知道没有任何保证,没有人能保证他会和之前的赛季一样好或更好。他所做的每一件事,所有的成功,都是他努力换来的,是他应得的。

所以当一个赛季结束,下一个赛季临近时,他知道该期待什么,对自己的要求是什么。他并不害怕等待着他的一年一度的地狱,因为每次回来都让他变得更强硬、更坚强、更有韧性。这就是他的力量。

你的第一次地狱之旅很可怕,到第二次或第三次的拜访时,你就知道该期待什么,该做什么了。韧性不是在你的舒适区建立的,它是在地狱里建立的。每次你从地狱归来,你都会变得更加坚强、更加粗暴、更加情绪化、更加伤痕累累。在你经历了多年甚至几十年的反复历练之后,你几乎感觉不到地狱的烧灼了。

但他的队友们感受到了,当他们在接下来的赛季中纷纷回归时,他们面对的是一个更加凶猛的乔丹。他们开始了另一个伟大的征程,从72胜10负的传奇赛季开始,以3枚总冠军戒指结束。每个人都快乐和放松地来练习,直到地狱假扮成迈克尔·乔丹走进那扇门。

苛求、恐吓、残忍,被逼得走投无路。如果你对此有意见,就像他在《最后一舞》中说的那样,"你从来没有赢得过任何东西。"他的队友会毫不犹豫地告诉你,和他一起打球就像置身于地狱,但他把他们每个人都带到了天堂。

运动员和名人,甚至一些 CEO 和商业大亨,都会在公众面前体验这一过程,但是大多数人没有。无尽的天堂和地狱之旅在私下里发生,没有人知道或理解你在处理什么。

每个人都经历着一些你一无所知的事情：压力、恐惧、精神和身体上的痛苦、自我怀疑、牺牲，以及永不停止的折磨。企业主为了维持公司的运营，不得不解雇一半的员工；贫穷的父母不确定自己是否支付得起账单；许多人不知道自己的职业选择是否正确，抑或不知道自己生活里的各种关系还值不值得保持下去。你看着镜子里的自己，想知道你是否已经受够了。

对一些人来说，这包括为糟糕的老板工作，处理健康问题，处理棘手的家庭问题。我觉得最孤独的经历莫过于寻找答案，却一无所获，然后意识到自己正站在人生的十字路口：要么奋力挣脱困境，要么开始接受你永远受困于此的事实。

你的生意可能会迎来有史以来最好的一个月，然后下个月的第一天，你又回到了原点重新开始，这一次是怀着更高的期望。如果你是这家公司的领导者，你必须让整个团队与你同行，而不是一路上都喘着粗气。

赢会等着看你会做什么。它不关心公平，不关心你的天赋或技能，也不关心你有多努力。它只是想让你弄清楚，并为之奋斗。

如果这能让你感觉好点的话，你在地狱里会比你在天堂里有更多的伙伴。地狱是大多数人待的地方，因为尽管那里可能令人不快，但对许多人来说，在那里定居比试图摆脱困境更容易，而且那里的每个人都可以与彼此的麻烦联系起来。体重、财务、人际关系、职业……地狱里挤满了为同样问题挣扎的人。事实上，人太多了，以至于人们开始觉得这就是对的、正常的，你很适合这里。

但你还在地狱里，没有一个决定性的逃跑计划，你就会一直留在那里。

对一些人来说，地狱就是为了提高而进行的艰苦工作和无休止的战斗。但对其他人来说，地狱是一种令人不寒而栗的认知：他们被困住了，而且很可能会一直这样。

人们会告诉你"勇往直前",就好像通往赢的大门敞开着一样。想想就知道,仅仅推动门是不够的。你推了,然后呢?为了摆脱你自己的地狱,你必须能够拉、抓住、伸手、攀爬、滑行、跳跃、挖掘、抓住你通往自由的道路。还记得乔丹在《最后一舞》里的话吗?"当人们不想被拉的时候,我就拉他们。"大多数人只要轻轻一推,就会发现自己置身于一扇不停旋转的旋转门中。

赢会设定不合理的目标,并要求你为实现这些目标而承担责任。这意味着你要尽一切可能来摆脱你所处的处境,进入赢的位置。你可以付出赢的代价,也可以放弃,并留在原地,然后付出令自己后悔的代价。

赢会使用书中所有肮脏的伎俩,并编造新的伎俩,只为自娱自乐,把你留在地狱里。"这太困难了,"它低声说,"你永远也到不了那儿。你的父母不相信你,你的朋友认为你疯了。看看你,你已经是个失败者了。"巧合的是,这正是你已经在想的事情。所以你就待在那儿,等着。等待着有不同的感觉;等待着被告知该做什么;等待着一个永远不会出现的答案。与此同时,火焰变得越来越热,直到你无法承受。你必须采取行动,否则你就会筋疲力尽。但你不是被热量推动,而是被冻结在原地。

你必须接受别人的消极对待、批评和愤世嫉俗,这样你才能控制怒火燃烧的方式。火可以毁灭,但也可以创造新的东西。你承受得越多,越早采取行动,重返竞争的机会就越大。

对一些人来说,这实在是太难应付了,他们什么都不做。最终,赢完全放弃了他们,继续前进。如果你不想要争取更多,那也没关系,别人会得到的。相反,你的"地狱"会变得永远不知道会发生什么,永远不会拥有更多,也不会为自己争取更多的东西。这就是自鸣得意的地狱,平庸的地狱。这里很安静,没有愤怒或激情,是一片寂静且虚无的地狱。

对另一些人来说，地狱是选择的结果。这些人选择了一条看似走向赢的道路，得到了他们想要的一切，但当他们意识到自己讨厌所选择的道路时，却为时已晚。这就像一个签下大合同却输了的人，一个拥有成功事业却讨厌自己所做事情的CEO，一种因选择了错误的合作伙伴而失败的关系。在这个地狱中，人们想要的和他们所得到的并不一样。

通常，赢会在此时离你而去："我给你了一个机会，你却搞砸了。"它可能会让你通过其他的努力将它争取回来，但不是通过从前那次机会。"对不起，我们关门了。现在，回地狱去，用更多的时间来过渡。"

对许多人来说，这种失望和失败是一种艰难的停止。对伟大球员来说，这是一场新比赛的开始。

当赢夺走了科比的阿喀琉斯之踵，夺走了他获得第6枚和第7枚戒指的梦想时，他不得不去赢得其他东西。仅仅赢得奥斯卡奖、写畅销书和拍电影是不够的。他和女儿吉安娜一起彻底改变了女子篮球，教她和她的队友们如何以曼巴的方式赢得比赛。当大多数同龄的孩子只练习45分钟，然后吃点零食的时候，科比对她们进行了3个小时的练习，其中2个半小时只练习防守。

他不停地寻找获胜的方法。但是，并不是所有的运动员都能够在职业生涯结束之前，将他们的竞争动力转化为新的追求。我说的不是那些赚了几百万，可以依靠投资和名声的职业运动员，前提是他们得管理好自己的钱。想想奥运会的运动员，如果他们每4年都做得很好，他们就能从地狱一路跑到冠军，尽管他们可能只有一次机会。

然后呢？那些最罕见的奥运选手，比如，迈克尔·菲尔普斯或西蒙娜·拜尔斯［美国女子竞技体操选手，曾在2013年到2015年间连续获得3次世锦赛（世界竞技体操锦标赛）与全美赛（全美竞技体操资格赛）女子体操全能金牌，以及3次全美赛自由体操金牌、2次世锦赛平衡木金牌。——译者注]可能会成为一名发言人、演说家或广播员。但如果你是弓箭手、雪橇运动员或撑竿跳运动员呢？这些运动员的下一个目标是什么？现在，你可以成为世界上最伟大的神枪手，然后呢？职业狙击手吗？你从10岁就开始接受训练，为了成为世界上最好的射击选手。而现在，你必须成为靶场的教练，但你连子弹都买不起。那是你的地狱，除非你能为自己找到下一个赢。

在我的职业生涯中，我一直看到这样的情况，教练设法与一位著名的球员合作，并认为这会让他们拿到一张永久的通往赢的门票。可一年后，他们却在商场里卖起了健身器材，想知道发生了什么吗？

赢无处不在。但你得持续不断地寻找它。

每个人都经历过困难、痛苦或挑战，这些经历永远改变了他们。我们当时可能不知道，但这些情况会打破我们内心的某些东西，我们永远无法以同样的方式重建它们。这不是弱点，这是你最大的优势，也是你走出地狱的通行证。

如何锻炼肌肉？你把它撕裂，它愈合之后就会更强大。如何制造疤痕？你遭受伤害，它会变得更强。疤痕组织是身体能制造的最强的东西之一。

在经历地狱之后，你如何回到天堂？

你重建自己，使自己变得更强大。和以前不一样，比以前更强。这不是简单地捡起碎片，再将它们拼起来。找个时间试试，用你弄坏的东西，比如一个盘子，一个玩具，或是一面镜子。当你把这些碎片依照原样拼起来，一切都好像没发生过。但某些事情确实发生了，你无法消除这种伤害。

不要沉迷于过往的损失。这些碎片必须让你振作起来，它们决定了你需要如何被重建。你不会和以前一样了，你会变得更坚强。因为那些碎片会为你带来经验、痛苦和悲伤，它们终将被用作为燃料。

并不是所有人都喜欢你的重组方式，他们看到的是不同的人。他们说你变了。他们是对的。要让你的头脑、心灵、身体和灵性有所成长，你必须先接受你所有的创伤，欢迎它们、拥抱它们。在你继续追逐的过程中，你会变得有韧劲，你不会再受伤。因为无论你的对手对你做了什么，你都已经感受过了。

W1NNING
野蛮进化 ❷

第 9 章
CHAPTER 9

• • •

赢希望你不屈不挠，打破至暗时刻

如果想恢复状态，唯一的办法就是：被现实惊醒，然后对所发生的一切毫无歉意，对他人的想法或事态的发展毫不在乎。从此好比行尸走肉，再没东西可输，变成一个你能想象到的最危险的肉食动物。

2020年春天，我从一架非常高的飞机上跳下来。我和跳伞教练绑在一起，我们有降落伞，他知道该怎么做，但跳出机舱的动作仍是我主导的。

这是我的第一次跳伞，我女儿说这是我答应她要一起做的事。她记得那个承诺，我不记得了，但我相信了她的话，我们一起去了那里。我对她的关心远远超过对我自己的关心，而她却一点也不在意。我不知道把控制权交给一个素未谋面的飞行员和向导，然后自己在空中坠落会是什么感觉。如果我说我一点都不害怕，那一定是在撒谎。

那天早上我们离开家之前，我已经学习了有关跳伞的物理力学，包括：着陆的原理，下降的角度，着陆时脚的着地方式。我在想，如果飞机上出了什么问题，我能驾驶飞机吗？如果那家伙的降落伞打不开，我该怎么办？或者他心脏病发作了？或者他是公牛队死对头活塞队的球迷？

从飞机上翻滚着跳入开阔的天空，我没有问题，因为这在我的控制之下。可一旦我们开始坠落，我的第一个想法就是寻找最近的水域。如果出了什么问题，水面也许是着陆时最软的地方。如果我要在没有降落伞的情况下自由落体，我不会不尝试其他选择就尖叫着坠下。

尽管我的护目镜落在了威斯康星州的某个玉米地里（它很快就被吹掉了），整个事情发生得如此之快，以至于我没记住任何细节。没错，我感到害怕，但我知道一点：我确信无论发生什么，我都会没事的。我知道在最坏的情况下，这可能不是真的。

我也许很无情，但我不傻。我从不允许自己这样想，我从不怀疑结果。当你感到恐惧，当你无法相信其他事物时，你必须要相信自己。当有人告诉你，他们从不紧张，或者他们一点也不害怕。他们要么是在撒谎，要么就是他们面临的挑战不够大。

每个人都经历过恐惧，每一个人。我不管你认为自己有多么勇敢、多么强悍、多么无所畏惧，有些东西会让你的灵魂感到恐惧，让你的心脏无法控制地跳动。也许只是一会儿，也许是更长的时间。你无法阻止它，恐惧是本能。我们天生就这样，恐惧不仅仅是在运动、冒险或激烈的竞争中，也在商业竞争、教室及我们生活的每一个细节中。

我知道我不需要解释恐惧，你这辈子已经经历过无数次了，也许你现在就在经历着。但我们必须谈论它，因为如果你知道如何控制恐惧，它就可以让你直接触摸到赢。

人们不喜欢承认自己的恐惧，因为他们认为这会让自己看起来很软弱，没有安全感或很容易恐慌。但没有安全感和恐慌与恐惧不同，前两者更多地与焦虑相关，以及来自你对自己控制恐惧能力的怀疑。恐惧和怀疑是不同的，它们的区别就像赢和输一样明显。

你害怕什么？你害怕什么会阻碍你得到自己真正想要的？

你很确定我们说的不是蜘蛛、高楼和小丑。我们说的是凌晨两点时，那些萦绕你脑海中混乱的想法。你非常想睡觉，但脑海里的噪声却停不下来。无论你害怕什么，你是否有信心面对这些挑战，并处理好其带来的结果？还是说，你对自己处理即将发生事情的能力有所怀疑？

恐惧和怀疑，这不是一回事。

伟大的球员通过思考他们所做的准备，以及完成这些工作所带来的信心使内心安静下来。我的篮球运动员客户每年要打82场常规赛，他们在每一场比赛前都会感到紧张。每次比赛开始之前，你都会看到乔丹独自一人，低着头，嚼着口香糖，和自己进行私密的对话。他和你在面对挑战前一样紧张。但他从不怀疑自己，知道自己会发挥出最好的水平。

科比也感受到了恐惧。"我会自我怀疑，"他在一次采访中说，"没有安全感，我害怕失败。有几个晚上，我只要一到球馆就会想，'我的背疼、脚疼、膝盖疼。但我没有受伤，我只是想放松一下。'我们都有自我怀疑的时候。你无法否认，但你也不能屈服于它。你得接受它。"你接受它。你相信自己能处理好手上的事情，不让你的恐惧升级为无法控制的怀疑。

如果你在比赛中看到我，你不会看到我流露任何情感。我不会在伟大的比赛中跳起来，我不会在出错的时候垂头丧气。但每一分钟，我都感受到一种熟悉的恐惧，担心我的球员可能会发生什么。我看了100万分钟、数千场的比赛，看到了我的客户所表现出的最高水平，而每一分钟我都在想：他是不是打得很糟糕？他怎么一瘸一拐的？这是我们昨天做的练习吗？我们昨天没有做这个练习吗？为什么他投偏了？他看起来疲惫吗？我们明天如何解决这个问题？

也许根本就没有什么错，但我从未停止期待。

那是我的恐惧，我的地狱。我不相信"乐观思考"这种解决问题的方式。当我的客户遇到问题时，乐观思考是没有用的。我的工作是为任何情况做好准备，如果我解决了足够多的问题，如果我一直把正确的答案拿在手上，他们就能有那么一小会儿回到天堂的时间，对于我也是如此。不过只有那么一小会儿，因为我的工作很快又要开始了，为接下来的事情做准备。

回归天堂并不是靠乐观思考的力量，而是因为专注和有针对性的行动。

我看到太多的教练只在他们的球员表现好时谈论他们，一旦出现问题，他们就消失了。他们想把功劳都揽在自己身上，把出错的责任全部推掉。当某人打出了一场伟大的比赛时，教练就会在媒体上谈论他或她指导锻炼和训练是多么厉害。当运动员打得不好或受伤时，教练就找不到了。主要是因为他害怕被指责，并怀疑自己是否能解决这个问题。

我不能保证我的运动员不会受伤，但我不能活在恐惧中。所以，我所做的一切都是为了最大限度减少这种风险。没有办法防止每一种伤害，但我可以采取一切预防措施来保护他们。这帮助我克服了自我怀疑，制造尚未发生的问题，过度思考任何可能出错的事情的心理冲动。

恐惧会自己出现，怀疑一定会被邀请。恐惧增强了你的意识，它让你保持警惕。怀疑则恰恰相反，它会让你慢下来，麻痹你的头脑。

恐惧是为了赢，怀疑是为了不输。当你将要参加一场大型会议、一场大型演讲或一场终生难忘的比赛时，恐惧就像一道闪光，刺激着你采取行动；怀疑则会让你冻结，直到危机过去。

恐惧关乎威胁，无论你要面对什么；怀疑则关乎你自己，你可能会害怕反对派的所作所为，但如果你怀疑自己打败他们的能力，你就没有机会了。恐惧告诉你时间只剩一分钟了，你现在必须赢；怀疑则告诉你时间只剩一分钟了，你就要输了。

恐惧是压力；怀疑是恐慌。恐惧说："我可以做到。"怀疑说："我完蛋了。"

在通往赢的比赛中，你将面临的所有障碍和挑战，没有一个比你站在恐惧和怀疑的十字路口时的反应，更能说明你的问题。

这就是赢，一种自我信任的可怕飞跃。赢会让你登上飞机，在你再次检查降落伞是否已套好之前将你推出机舱。

你可以自己准备,你可以计划、组织和规划你想做的每一件事。但在某些时候,你必须进入未知的世界,让恐惧流过你的全身,并完全相信自己会赢。

有 4 种特性决定了你将如何管理你的恐惧和疑虑,并最终实现这一飞跃,或者你是否会赢。

天赋。

智慧。

竞争力。

韧性。

只要拥有其中 3 种便有赢的可能。而在非常罕见的情况下,如果同时有上千件其他的事情对你有利,那你可能只需要拥有其中的一或两种就能赢。

但是,要一次又一次地在你人生的各个领域(事业、财务、健康、家庭,以及任何你看重的事物)获得最高水平的赢,你需要这 4 种特质。很少有人能同时拥有这 4 种特质。

想象一个靶心。外面有一个大圈,里面有一个小圈,再里面有一个更小的圈,在最中间,还有一个小圈。我把这称为赢的 4 圈。在这些环的正中央,就是你们的目标。

最大的外圈代表着天赋。每个人都能进入这个圈里,因为每个人在某件事上,都有一定程度的天赋。处在这个群体中的并不是精英或卓越之人,这只是一个起点,因为天赋永远不足以让你成为一个始终如一的赢家。即使你非常有天赋,仍然会有人和你水平相当或接近你的水平。

如果他们有其他你不具备的能力，你会被甩在后面。

在天赋圈里有一个小一点的圈。要进入这个圈子，你需要带上你的天赋，还需要带上你的智慧。你不必成为一个全能的天才，但你需要拥有极高的智慧，去努力完成每一件事情。这个圈子里的每个人都知道如何开发自己的潜能，他们对如何利用它有深刻的理解。

比如，一个美国国家橄榄球联盟的四分卫不需要了解如何进行心脏移植手术，但他需要非常聪明地了解如何成为一个四分卫。然而，有很多聪明且具有才华的人从来没有取得任何成就，所以进入这个圈也未必能赢，你还需要更多。

现在我们向目标中心靠近，进入下一个环，那里的人更少。要进入这个圈子，你必须得有天赋和智慧，还得带上竞争力。因为如果你不能够或不愿意为你想要的东西竞争，世界上所有的天赋和智慧都帮不了你。如果你在这个圈里，你就会明白，无论你有多优秀，别人都不会给你任何东西，你要为自己的最终结果而奋斗。这是很多人失败的地方：他们谈论竞争，他们说出所有正确的事情，并真心相信它们。他们说他们会"做任何事"，直到该"做任何事"的时候。当到了执行和推动自己进入下一个阶段的时候，当到了用不可否认的结果来压死对手的时候，他们开始怀疑自己的能力。他们退缩了，优秀的竞争者不会退缩。

如果你真的很有竞争力，你可以把这种特质与天赋和智力结合起来，那么你就会变得非常优秀。但你还需要一件事才能成为真正的赢家。

还有一个圈，最小的，人最少，结果最好的那个圈。这个小圈包含了所有其他特质：天赋、智力、竞争力。并增加了一个将冠军与其他所有人区分开来的东西——韧性。

韧性是当恐惧告诉你要逃跑时坚持战斗的力量。它是一种能够看到所有可能出错的地方，并仍然能够控制它们的能力。当你被坏消息、坏人或坏运气弄得措手不及时，当你没有什么可以抓住的时候，韧性就是你的生命线。

韧性就是知道当一切都变得越来越糟时，你完全有理由崩溃，但你没有。它让你感受到失去、冲突和混乱所造成的痛苦和羞辱，并且仍然相信你会生存下来。当你的头在压力下爆炸；当你的内脏被混乱和危机撕裂；当你想放弃；当每个人都想让你放弃时，韧性悄悄对你说："继续前进。"因为你知道你可以，你也必须前进。当你没有什么可以失去的时候，你就可以自由地做任何事。

你知道胃里有"蝴蝶"的那种令人不安的紧张感吗？这就是韧性，启动它的引擎。那些"蝴蝶"是你的伙伴，是你面对眼前事物的盟友。它们提醒你即将有一场战斗要进行，你必须去面对它。正如我在《野蛮进化》中所说的，你不需要让它们消失。你需要让它们都朝着同一个方向，并把它们当作能量。

当你听到坏消息，当你被逼到角落，当你意识到事情将对你不利时，你有两个选择：让恐惧升级为恐慌，或者发挥你的韧性继续前进。

当美国国家橄榄球联盟的踢球者在超级碗中错失进球机会时，当花样滑冰运动员在奥运会赛场上摔倒时，当你在重要的演讲中忘记了稿子中最重要的部分时，没有人能说什么或做什么来消除这种恶心的感觉。除非你有韧性让自己振作起来，否则你就完了。你在竞争中总是能看到这样的情况：有些事情变坏了，其他事情跟着变得更糟了。只有一个罕见的竞争者，一个真正渴望赢的人，能阻止事情像自由落体般越变越糟。在那一刻，他或她忘记了曾经的失败，并继续朝着赢走下去。

其他人会对你竖起大拇指，高兴地说："你做到了！"但说实话，如果你需要别人来告诉你这一点，如果你自己还没有感觉到，那你就什么都得不到。你的水平太低了,以至于你的队友都够不到你,除非你先够到你自己。

赢会在你的胃里打一个永远存在的结,当你试图解开它时,赢会笑。但你最好快点解开它,因为除非你能阻止事情变得更糟,否则你无法让事情变得更好。韧性是区分恐惧和怀疑的东西,它让你保持高度警惕,但仍然可以控制你的决定和行动。

坚韧的人不会表现得像受害者,他们不会为自己感到难过,他们不会纠结于现在正在发生的事情,他们会展望未来,看看如何控制和改变结果。如果他们不喜欢他们自己故事的展开方式,就会自己来书写。

你生命中没有任何一天不需要某种韧性。财务困境、家庭问题、健康挑战、关系问题、工作情况,很多你从来没有想过你会处理的事情。

我们喜欢把赢看作是一项富有魅力、光荣的成就,对于那些取得了胜利的人来说,确实如此。但是,你为实现梦想而经历的过程中,很少有什么事情是迷人的或光荣的。这就是为什么冠军们在拿到奖杯时会情绪失控,他们没有想到戒指和游行,他们回忆的是痛苦和沮丧、恐惧、牺牲和孤独。他们忍受了一切,想放弃却坚持了下来。

他们知道这样一个事实:如果没有坚韧的精神熬过恐惧和失败的黑暗时刻,他们永远也不会赢。如果他们想再次赢得比赛,就必须再次面对这些问题,并保持着同样的韧性。

如果你不能处理好失败,你就不能处理好赢。每个人都会失败,但不是每个人都会赢。你可能是100个求职者中的一个,但最终只有一个人会被录用。美国国家橄榄球联盟有32支球队,只有一支赢得了超级碗。对其他人来说,这就是失败。你必须在面对失败时保持坚韧,否则你永远无法生存下来,直到成功。

人们总喜欢吹嘘自己多么讨厌失败,他们是多么糟糕的失败者,好像这会让他们成为赢家。你猜怎么着,每个人都讨厌失败。没有人会坐下来说:"你知道吗?我更喜欢输,这感觉很棒。"要真正理解"赢",你也必须理解它的合作伙伴"输"。

赢和输并不是死敌,他们需要依靠彼此来生存。没有输,赢就不存在,因为如果有人赢了,那通常意味着另一个人输了。这是一种奇怪而扭曲的合作关系。但是当赢小心翼翼、一丝不苟、精挑细选能够进来的人时,输却接纳了所有人,对赢的做戏和挑剔没有耐心。"已经拿下一个了,"输说,"剩下的都是我的。"

赢让你成为输的专家。你永远也习惯不了,但你学会了控制自己的反应,直到你完全没有反应。你会变得不那么情绪化,因为你需要将精力调整为追求赢的能量。你越是抓住这种情感不放,你就越难克服它,你也就越难让别人克服它。你知道这是这个过程的一部分。你不必喜欢它,但你必须面对它。这是一种必要的邪恶,也是竞争的现实。

如果你输了,如果你打得不好,如果你十分糟糕,你就说出来。"我打得不好。我打了一场糟糕的比赛。"你不需要给自己找理由,也不需要解释。这是显而易见的事,所以就将它公之于众,再回去继续工作。然后你要从中学习,吸收它,从中获得你能得到的一切,并将它处理掉。这样,一切才终于结束。

有时在一场比赛后,特别是在输掉比赛后,科比拿到了比赛录像,我们会一起看每一个瞬间,每一帧。有时我们开车去吃一顿晚餐,但路程漫长到似乎我们永远也到不了。我们只是坐在车里分析什么是对的,哪里出了问题。这就是处理输的方法。你把它撕开,直到它失去再次出现的能力。

输的伤害,不用别人教,每个小孩都知道失败是痛苦的。当孩子们在玩的时候,如果其中一个孩子得到了玩具,或者赢得了比赛,或者得

第 9 章 | 赢希望你不屈不挠，打破至暗时刻

了一分时，会发生什么？另一个孩子会哭着用塑料高尔夫球杆打优胜者的头。不管怎样，都会有一个反应，而且是一个不快的反应。

在任何年龄段，赢都是本能。但很快，大人们就会介入并教训失败者："这只是一场游戏！玩得开心！要友善待人！不要输不起！"

友善？赢需要的不仅仅是"友善"。事实上，它根本不需要"友善"。输不起的人的反义词是什么？一个友善的失败者？接下来是什么，一个伟大的失败者？

我不会告诉任何人该如何养育他们的小孩。但老实说，你也不喜欢输。你处理输的方法说明了你将如何处理赢。教训不是"这只是一场游戏"。游戏有结果，而结果很重要。教训是：对几乎所有人来说，失败都是不可避免的。

有时候你会输，这是竞争的一部分。你对赢的献身并不是为了消除失败。你的工作是将输所带来的负面影响最小化，然后在输了之后尽一切可能尽快恢复。

在你通往赢的道路上，每一次失败都像是一个肮脏的休息站。你并不总是知道它何时到来，但你知道它是旅程的一部分。这不会是件愉快的事，但你还是得去处理它，然后洗手，尽快回到路上。

这就是为什么我对给孩子们的"参与奖"奖杯有很大的意见。我知道，孩子们都喜欢奖杯。只要多花几块钱，你就能得到奖杯和帽子。你不需要在练习或比赛中出现，你没有得分，缺乏责任心，没有实际成就的认可，但你仍然能够获得奖杯。你获得了第 11 名，每个人都是赢家。

这是认真的吗？

对于年龄非常小的孩子，我理解并支持，强调体验而不是结果的价值。它具有包容性和支持性，让孩子们第一次体验运动。但在他们一年级的时候，是时候该告诉他们，他们有时候也会输这个道理了，然后再

教会他们如何输。这件事是可行的，也是十分必要的。告诉他们努力工作和取得成就的价值，告诉他们付出努力并获得结果是什么感觉，告诉他们输是学习赢的最好方式。

告诉他们赢很重要，结果很重要。没人想看到孩子们失望。这对孩子来说很难，有时对父母来说更难。但那些能够学会如何处理它，并利用它来成长而不是放弃的人，将会为生活中的挑战做更好的准备。因为随着年龄的增长，孩子们不会仅仅因为参与其中，就获得任何参与奖。他们越早学会处理艰难的失败和失望，就越少害怕逆境和失败。

成年人也是如此，不是吗？你经历并挺过越多巨大的失败和失望，你就越能意识到自己能处理多少，以及自己是多么的坚强和坚韧。生活需要你出现、参与、进行比赛、得分，得到被认可的成就……即使你做了所有这些事情，仍然并不能总是得到奖杯。

但你会输了并不意味着你就必定会输。你离再次见到赢还有多远？几厘米？1千米？马拉松的长度？你必须关注比赛的终点，而不是那些让你的道路上出现巨大坑洞的失败。你偏离你的路线越远，回到正轨的时间就越长。这就是为什么1个失败会变成2个，2个变成了5个，现在你越来越深入地狱，以至于再也找不到回来的路。

乔丹曾经对他的队友大发雷霆，因为他们不断谈论球队将会有一场伟大的比赛或一个伟大的赛季。但他知道如果因为这个赛季的开局不好，他们就会崩溃，然后他就得带领着他们。"你怎么知道？"他问，"你怎么知道我们会很棒？我们还什么都没做。你们在庆祝什么？"

我想到每个新年前夜，人们疯狂地许诺他们将度过多么美好的新的一年。"今年我要发达了，我就要成功了！"他们喝得醉醺醺，宿醉未醒，累得起不来。但这是"属于他们的一年"。他们一件事都没做，也没有真正的计划表明，新的一年会比去年更有成效，但他们已经开始庆祝了。

到了2月，他们会感到那种熟悉的对失败的恐惧，于是他们又一次放弃了。当你真正坚强的时候，放弃绝不是一个好的选择。我很幸运认识很多冠军，我说的不是运动员中的超级巨星。他们都是不平凡的普通人，他们的坚韧让他们在面对着似乎不可逾越的挑战和障碍时毫不畏惧，并最终完成了令人惊叹的事情。他们来自各行各业，背景完全不同，但他们有一个共同点：他们从不放弃。

我想起了我的朋友拉瓦尔·圣日耳曼（Laval St. Germain），他是一名加拿大商业航空公司的飞行员，也是位了不起的演说家。他在不使用辅助氧气的情况下登上了珠穆朗玛峰，还以破纪录的时间独自划艇横渡了大西洋。我想起了不屈不挠的霍利·霍利斯·斯塔斯（Holly Hollis Stars），一位来自美国路易斯安那州首府巴吞鲁日的聪明而美丽的年轻律师。她患有罕见的、严重的乳腺癌，但她每天都以勇气、优雅和坚定的信念与恐惧斗争。我想到了一路上遇到的许多人：那些为照顾年迈的父母或生病的孩子而奋斗的人，为自己和所爱之人争取更好生活的人，与自己的恐惧、局限及阻碍他们走向成功的一切而斗争的人。

我想起了我的父亲苏尔吉特·辛格·格罗弗（Surjit Singh Grover），是他的勇气和坚韧造就了今天的我。我在2017年圣诞节过后的两天，他77岁生日的前两天，永远地失去了他。我认识很多伟人，也和他们很亲近，但没有一个人像他一样，对我的生活产生了如此深远的影响。他不出名，甚至不是一个体育迷，他也不在乎社交，但他生活的每一天都是为了赢，为了他自己和他周围的人。

从他为了改善家庭生活水平而决定全家搬来美国，到他骄傲地看着他的两个儿子和孙子长大，他每天生活的愿景就是如何更好地做事情。不仅是为他自己，也是为了他所爱的生活，为了我的母亲拉坦·格罗弗（Rattan Grover），为了整个家庭。他是一个有着伟大信仰的人，一个戴着头巾的骄傲的锡克教教徒,忍受着因"与众不同"而带来的偏见。他喜欢讲有趣的笑话,保存了 40 年来提及过我的剪报,他从未动摇过自己的信念:努力工作和奉献是一切的答案。我知道他很担心如何照顾好每个指望他的人,但他对自己的能力毫不怀疑。

  他的坚韧变成了我的坚韧。因为他,我才可以和你们分享我学到的东西。安息吧,爸爸。

W1NNING
野蛮进化 ❷

第 10 章
CHAPTER 10

● ● ●

赢需要你接纳自己的漆黑面

精英逐胜者能控制内心的冲动，而不是反过来被冲动所控制。所谓黑暗面，并非逞匹夫之勇，给自己找麻烦，那是弱者的表现。

每天晚上，我会在凌晨 2 点到 4 点之间醒来，然后意识到自己并不孤独。

不管房间有多黑，不管我是在家里还是在路上，我醒来时都会听到有人在跟我说话。有时同时有好几个声音。我甚至不用睁开眼睛就能知道它们是谁，我能感觉到它们围在床边，等着和我说话，而且它们永远不会消失。

赢经常在半夜时，在你的脑海中徘徊很久，然后把你不想见到的东西都带来了：你的秘密、恐惧、不安、怀疑。你在黑暗中醒来，脑海中浮现着入睡时没有的想法和担忧。但突然，它们就出现了，摧毁了你的世界。

你以为只有你一个人，是吗？你并不孤单。我知道很多人都有同样的经历，但他们都不愿谈论它。他们认为这让他们听起来很疯狂、很软弱、很令人恐惧。我之所以谈论这件事，是因为这个每晚发生的事情影响着我每天的想法和行动，它与我如何赢息息相关。

对未来不确定性的焦虑、谎言、内疚、自我感觉不佳、曾经的失败、害怕让别人失望……大多数人都害怕这种深夜拜访，他们不想面对这种精神孤立。所以他们悲惨地等待恐怖过去，假装什么都没发生。他们把那些丑事藏起来，希望没有人会发现他们隐藏在其中的秘密。

这不起作用。你可以起床，打开灯，开始你的一天；打开电视，在淋浴时唱歌……但无论你走到哪里，它们都跟着你，一直都在那里。

即使在白天，赢也是你的噩梦。你越是想把这些东西藏起来，它们就会越响越狂野，直到你看不到或听不到其他任何东西。白天，当有其他事情分散你的注意力时，你头脑中的混乱可能会减少。所有这些声音可能最终会沉寂一段时间，但当它们在黎明时分渐行渐远，你最后听到的是它们歇斯底里的笑声和每天的警告："我们今晚见。"

赢家渴望在黑暗中的独处时光。这是他们思考、计划、聆听自己的时间，与房间里的"幽灵"交谈，并得到答案。他们不害怕现实；他们不隐瞒真相；他们不害怕面对自己的缺点和弱点。

他们打开壁橱，将他们内心中那些见不得人的秘密暴露在阳光之下。"我会和它们握手，拥抱他们，在晚上为它们提供零食或烈酒，然后我们会剖析这一整天，嘲笑我们中做得最糟糕的那个。"没有什么比说出"这就是我"更伟大的能力了。大多数人都不愿意接受，因为他们不想被评判。赢家不在乎，他们进行自我审判，并接受自我判决。

想想为了努力成为某人或做某事，你花费了多少精力和时间。如果你付出同样的努力去做自己，你能走多远？当你对自己有信心的时候，当你可以不再受别人的想法影响，并最终做出自己的决定时，你就会明白当那些"幽灵"成为你的一部分时所感受到的解脱和满足，这可能是你最好的部分。

大多数人都向外界寻求帮助。他们会换工作、团队、关系、教练、地址、饮食、日常生活、朋友、发型……任何可以帮助他们重塑自我的东西，就好像新的环境能修复一切。就好像如果没有其他人知道他们的秘密，他们的秘密就会消失。他们告诉你他们变了，他们不再是以前那个人了。假的，他们还是那样的人。

你可以改变你的习惯、你的环境、你的外表、你的态度……但你的内心还是你自己。你与之斗争的时间越长，你与自己交战的时间就越长，你也就越难找到平静。

别再找别人来救你了。你最好的伙伴和盟友已经在你体内了，它们一直在和你交谈。加入对话,听听那些"幽灵"的声音，不要再说它们错了。敞开你的心扉，相信它们是百分之百正确的。让它们走进你的生活，告诉它们，"让我们一起做，没有你们我做不到。"你需要它们，它们需要你，它们就是你，它们比你更了解你自己。

它们是你的黑暗面（dark side），也是你最强大的力量。

我在《野蛮进化》一书谈到的所有内容中，再没有什么比对黑暗面的讨论更激动人心的了。

"在内心深处，"我写道，"有种汹涌的力量在驱使你，它保持着本真和野性，让你拒绝平庸。那是一种不同寻常的杀手本能，它藏在暗处，默默地渴求你从不言及的东西。它不在乎给别人留下何种印象，因为这才是真正的你。只要有可能，它绝不会改变……"

"原始欲望是你的终极燃料。它让你兴奋，给你力量，让你无路可退。这是一种上瘾，就像你对赢上瘾一样强烈。"

我收到了邮件、信件、社交媒体上的信息和采访请求。在活动中，有些人走到我身边，把我拉到一边小声说："我需要跟你谈谈黑暗面这个事情。"

注意！黑暗面并不是"一个"东西。这才是问题所在。

第10章 | 赢需要你接纳自己的漆黑面

他们想跟我谈谈（私下里，因为没有人愿意公开谈论这个）有两个原因：要么他们担心，因为他们认为自己没有黑暗面；要么他们松了一口气，因为他们知道自己一直都有黑暗面，并自认为是唯一有黑暗面的人。

两者都不对。

需要明确的是：当我们谈论黑暗面时，我们并不是在谈论邪恶，或《星球大战》，或不良行为，或哈利·波特（科比的个人最爱）。

我们讨论的是驱使你前进的原因。它是你头脑中能让你放下其他一切的东西，然后使你专注于一件事：赢。

每个人都有黑暗面，但并不是每个人都能承认这一点。一位身家数十亿美元的公司CEO让我给他的公司做演讲，然后他走上讲台说他真的不理解所有的黑暗面（谎言！），因为他没有黑暗面（谎言！），他没有秘密（谎言！谎言！谎言！）。之后，至少有十几名他的员工来找我，说这家伙有着他们见过的最大的黑暗面。他们的话在几个月后被印证了，这位CEO被自己的公司开除，因为他的黑暗面让公司陷入了困境。

黑暗面必须被你控制，否则它就会控制你。

我曾与一家大型连锁餐厅的创始人合作，他为我和他的50名高层人员举办了一场晚宴。有人让我谈谈黑暗面，以及它与商业成功的关系。我问这群人："这个房间里谁的黑暗面最大？"这50个人立刻看向他们的创始人。

值得赞扬的是，他笑着接受了这一赞美。

科比拥有一个无比强大的黑暗面，以至于涵盖了他自己的个性：黑曼巴。他在经历一段困难时期时创造了它，他想要一个精神能够到达的

地方，在那里他可以继续保持在最高水平。

所以，在看了《杀死比尔》后，他选择了世界上最危险的毒蛇作为他的另一个自我。电影中有一个代号为黑曼巴的刺客，以及一条用来杀人的黑曼巴蛇。科比看了之后，心想：这就是我。我不知道他指的是刺客还是蛇，可能两者都是。黑曼巴就是这样诞生的。

当他跨过那道线来到球场上时，他就变成了那个致命的刺客，随时准备出击，毫不犹豫、无所畏惧。比赛结束后离开赛场前，他还不是科比，他依旧是曼巴，谁都不能碰他。当他和家人在一起的时候，或者偶尔需要放松的时候，他才可以摆脱它。可一旦到了工作的时候，他又变成了曼巴。

在他公开谈论此事后，每个人都想了解曼巴心态，就好像他们也能成为科比那样。这是不可能的。曼巴心态是无法描述的。你可以学习、研究它，但它几乎不可能被模仿。你必须与它一起生活，去感受它，去体验它。不是一天或一周，而是好几年。这是一种生活方式，而不是一种实验。我见过很多球员试图达到那种强度和高度的专注。但它毁掉的事业比帮助的还多，因为它太强烈了，难以处理，它太致命了，也无法维持。除了科比自己，我不知道有多少人做得到。

这就是黑暗面的变革力量。如果你允许，它会带你去你想去的任何地方。但它必须来自你的内心，因为黑暗面对每个人来说都是私人的。这是你所有输赢汇聚于一体的结果，你的失望、你的恐惧、你的成就。你的黑暗面是一首只有你自己才能听到的歌，只要你有勇气去聆听。

对一些人来说，黑暗面的来源很容易确定：被球队除名，但仍旧致力于成为历史上最好的球员；丢了工作，开了一家有竞争对手的公司，并让你的竞争对手破产；在贫穷中长大，并发誓自己再也不会过上那样的生活。对另一些人来说，黑暗面是非常深刻和私密的：带着健康问题生活；失去所爱的人；遭受虐待；从小缺少父母陪伴；别人说你永远不会成功。

每个人都有一个永远无法愈合的秘密伤口，一副无法摆脱的骨架。也许你是一个被嘲笑的胖孩子，一个还没毕业的穷学生，一个羞于在全班面前说话且有语言障碍的孩子。我可以告诉你，我就是那个胖孩子。我的母亲拉坦总喜欢喂我们吃的，因为在印度时，食物并不总是充足的。她和我爸爸很乐意为我们提供各种食物，因为这是他们小时候没有的。而我充分利用了这一点。

我不只是胖，我还不擅长运动。读小学的时候，学校进行体能测试，我无法完成引体向上或俯卧撑的测试。但有一件事我可以做：仰卧起坐。如果他们允许，我可以做一整天，只是为了证明我可以。我面红耳赤、热血沸腾，但我还是要做仰卧起坐。我不能跳鞍马，也不能爬吊环，但仰卧起坐对我来说得心应手。

我还记得当胖孩子的感觉。然而，我高一的时候，一切都变了。我厌倦了自己走形的身材和超重的体重。我感到黑暗面在轰鸣，并且想让我为此做些什么。我决定打篮球，因为一个能把我们撞得满地找牙的教练，再加上每天往返学校要花两个小时，我根本没有时间坐着吃东西、看电视。我的新世界里全是学校和篮球。体重减掉得很快，我突然就成了一名运动员。

几年后，我在伊利诺伊大学芝加哥分校打篮球时，前交叉韧带断裂，我更接近了我的黑暗面。我没有接受适当的手术来修复它，因为这意味着错过整个赛季，以及失去奖学金。我接受了一个外科手术来清理它，这样我就可以赶回来，只不过得带着一个巨大的金属支架。这方法在短期内是有效的，对我骨头的副作用却是一辈子的，因此我的篮球生涯不会持续太久。

正因为如此，我决定奉献我的一生去帮助其他运动员，而我也成功实现了这一决定。这些东西会一直陪伴在你身边，如果你选择这样使用它们，它们可以成为你最好的燃料。

如果你真的想知道自己黑暗面的来源，试试这个！

你生命中所有的失望：那些对你说"不"的人、那些取笑你的人、你失去的每一份工作、你输掉的每一场比赛、每一个有人说你不够好的时刻、每一段结局糟糕的感情……想象一下它们全都摆在你面前。把它们摊在一张想象的桌子上。

现在，把你的手放在每一个失望上面，在心里重新体验它们带给你的感受。温暖、恶心、冷，或是什么都没有……突然，你感到辐射般的热。就是这个，这是你的燃料。不用碰就能把你烫伤的那个，就是你的黑暗面燃料。它是钢铁侠的盔甲、神奇女侠的手镯、美国队长的盾牌、蜘蛛侠的网、超人的斗篷、雷神的锤子、蝙蝠侠的面具。这就是驱使你的动力，是你的超能力。

人们害怕接近所有的伤害和失望，因为当他们敞开心扉去重温时，很少感受到愉悦。但你必须愿意去看它、重温它、拥抱它，然后才能从中汲取力量。如果你不能面对自己的真相，如果你不能面对自己过去最黑暗的部分，你将永远无法改写自己的故事。

利用黑暗面不是为了报复或展示愤怒，也不是对每个伤害过你的人竖中指。这是一种情感上的干扰，不是燃料。黑暗面指的是对你眼前事物的完全关注，而不是对你一生中发生的事情产生不受控的情感。这些东西是存在的，它们一直和你在一起。但当你追求赢时，你需要将所有的注意力都放在赢上。

汤姆·布雷迪在高中球队时并不是首发，但他必须为密歇根大学的首发而战。他是美国国家橄榄球联盟选秀中第6轮第199顺位被选中的球员。他说过很多次,他永远不会忘记自己是在其他6名四分卫之后被选中的。他有一家名为"199 Productions"的制作公司,就是为了让世人知道他永远不会忘记。但你可以肯定的是,当他在赛场上比赛时,他不会想它也不会谈论它,他只要赢就行,复仇自然而然就会发生。

你不是在证明别人是错的,你是在证明自己是对的。

在《野蛮进化》中,我深入讨论了如何找到你的黑暗面,你的另一个自我。我解释了如何控制它,而不要害怕它,以及如何利用它的力量来创造无限的燃料和能量。而在这本书里,我们将它提升到一个新的层次——漆黑面。我们别无选择。因为赢会让你的黑暗面更加黑暗。

为什么?因为想要持续不断地赢,你的黑暗面就必须变得更强大,直到几乎没有了光明,没有了阴影。你必须足够相信自己,在黑暗中摸索前进。这需要你内心的一切在一次次通往赢的旅途中生存下来,这意味着没有退缩。你抛弃了所有的束缚,被压抑的感觉,自我意识,以及所有人都说你不会成功的场景。

赢不会在比赛开始时就与你相遇,它讨厌人群。当其他人退出或失败时,它会在接近终点的地方与你相遇。在那之前,赢没有兴趣。它说:"当你认真的时候告诉我,然后我们再谈谈。"

赢第一次向你介绍你自己,它迫使你诚实地面对真实的自己,你真正想要的东西,以及为了得到它你愿意付出的代价。它让你挑战自己的价值观,当你意识到你的人际关系、承诺和义务在阻碍你的时候,它会让你进行妥协。它等待着你的黑暗面变得更黑暗。

黑暗面关乎怎样照顾好自己,它只保护你,只满足你。而漆黑面则会让你影响和冲击他人,让他们采取行动、提升自己、相信自己。这是赢家的标志:有能力的人同时也赋予别人力量。就像乔丹在他的职业生涯中帮助科比一样,科比帮助韦德,韦德帮助勒布朗·詹姆斯,勒布朗·詹姆斯再帮助其他人。真正的力量是共享的。

黑暗面让你坐在驾驶座上，而漆黑面可以让你在任何你想坐的座位上开车。

黑暗面是当你需要额外的力量，并释放它们的时候，你独自前去的秘密地点。对不起，其他访客不得入内。漆黑面一直在你身边，你并不害怕将它展示出来。

黑暗面让你可以充分利用自己的能力。关键的是，漆黑面弥补了你没有的能力。

黑暗面告诉你可以喝3杯酒，因为这是你应得的。漆黑面让你先停下来，不是因为你不能喝更多，而是因为你不需要它。

黑暗面让你赢下一场比赛，漆黑面让你掌控全局，整个赛季无往不胜。

黑暗面让你生气，对自己生气，因为你在人生中犹豫不决。漆黑面让你意识到愤怒是在浪费精力。

黑暗面给了你力量和勇气去赢得想要的东西，漆黑面让你可以利用它。

当你被击倒时，黑暗面会告诉你站起来战斗，但漆黑面告诉你要消沉一段时间，直到你真正明白是哪里出了问题，这样你才能变得更强。"记住这种感觉，"它告诉你，"记住这个冰冷血腥的战场，因为我们再也不会回到这里了。"

漆黑面是你在人生中倒地后站起来的8次数秒。只要你需要，它可以持续几分钟、几周，甚至几年。但当你重新站起来的时候，你就会全力投入战斗。

黑暗面关乎你想做什么，你想为自己做什么。漆黑面是关于行动的，它不想听到你的计划，它想看到你的结果。你会有一个伟大的赛季，你要写一本书，你要去旅行、画画，或者赚一百万。很好，别再说了，做给我看。

黑暗面把你从梦中带回现实。你必须真正站在舞台上唱歌，而不是在幻想中这样做。你可能会唱得很糟糕，可能会被轰下台，也可能会使大家起立鼓掌，但有些事情会发生。你释放了内心的某种东西，它告诉你："嘿，我能做到！"漆黑面拍打着你的后脑勺说："你这个笨蛋，我这辈子都在说这个！"

漆黑面是一个无人知晓的私人精英俱乐部。你无法申请加入其中，但俱乐部里每个人都知道其他成员是谁。你看到另一个人走过来，你就知道了。从你身上散发出的气息，就像无形的光环附着在你身上。你是装不出来的。

更深邃的黑暗需要更大的孤独。赢家独自做出决定，独自应对反对。他们独自担心，独自工作。即使他们被数百万人包围，他们也感到孤独。如果你对独自一人有问题，就需要改变这一点。就像"自私"一样，"孤独"也是一种背负坏名声的强大状态。

所有和我共事过的伟大球员，乔丹、科比、韦德、皮蓬、巴克利、奥拉朱旺，以及其他很多人都明白孤独的力量。不只是因为害怕引起安全问题而不去公共场所，而是一种精神状态。无论有多少球迷和摄像机跟着他们，无论有多少人从始至终注视着他们的一举一动，他们都知道他们成功中的很大一部分归功于心理上的孤独。

与我共事的高管和企业家也是如此。每个人都有自己的方法，来创造属于自己的安静空间。保险公司的经理在家人起床之前就开始了她一天的工作，这样她就有几个小时不被打扰的时间，来不断思考和计划；制药公司的CEO为自己搭建了一个私人健身房，这样他就可以在完全独处的情况下锻炼；音乐制作人学会了驾驶自己的飞机，这样他就可以真正意义上地起飞、离开……他们都渴望安静和孤独。这是他们思考和计划的时间，也是他们逃离外部世界的喧嚣、混乱和需求的时间。

赢教会你孤独，因为没人能理解你的感受。正如我在讨论开始时所说的：赢家渴望在黑暗中独处的时间。对乔丹来说，孤独让他从自己对完美和卓越的不懈追求中解脱出来，也让他从无数试图接近他、和他说话，或只想看着他的人群中逃脱出来。孤独让这一切都消失了，哪怕只是短暂的一瞬间。

如果你觉得这听起来不错，**如果你真的想要一些独处的时间，远离一切人事物，偶尔尝试一下。不要只是独处一两天，而是几周或几个月。**

每个人都认为自己可以独处，直到该独处的时候。那些能做到这一点的人，都有着可以想象到的最强烈的黑暗面。他们的秘密就是他们的伙伴、他们的支持系统。

因为不管有多少人会助力你的成功，最终，一切都是关乎你自己：你的准备、你的自信、你的承诺、你的情感控制，你和脑海中声音的合作。如果这些事情中有任何一个出错，你也很可能会出错。

你是谁，以及你为什么会那样，不要再自欺欺人了。那是你的燃料，而不是需要隐藏的东西。如果你无法接受这一点，你就赢不了。

W1NNING
野蛮进化 ②

第 11 章
CHAPTER 11

• • •

赢家形象不是
靠谎言堆砌起来的

　　精英逐胜者绝不会站在场边挥舞毛巾，只会独自静坐在角落，全神贯注，心如止水。而在所有人都心浮气躁头脑发热的关键时刻，他正是那个用实际行动告诉大家保持冷静的人。

几年前，一位新秀超级巨星的父母找到我，想让我和他们的儿子一起工作。这位新秀拥有一切有利条件：高选秀权、大合同、球鞋合同、大量的代言。问题是：他的表现只能算是平庸；他的球队正在不断输掉比赛；人们开始用脏话骂他"没有用的东西"。

除了现存的这三个问题，未来还会有更多的问题出现。当你没有赢时，这些问题就会迅速地堆积起来。

这孩子很有天赋，但他并没有将其转化成结果。他是每天第一个进入球馆训练的人，天刚亮就开始锻炼，并在社交媒体上展示。他有一个可爱的女朋友，两只可爱的狗。他拿着《圣经》，是球队中参加社区活动和慈善活动最多的那个，而且还发布了相关的帖子。他的家人告诉我，他将成为下一个穆罕默德·阿里（美国著名拳击运动员、拳王，2016年病逝，享年74岁。——译者注），改变世界，成为这项运动史上最伟大的人。

前提是他能赢。

于是我坐下来和他聊天。他说得很对："我只想赢，我将创造一个最好的赛季。我的球队可以做出很多伟大的事。你让我做什么我就做什么。"

这种标准话术虽然听起来不错，但毫无意义，除非你能实现它。

我非常想听到他说："我现在一团糟，我很困惑，不知道该怎么做。"我无法修复到完美，但我可以处理混乱。我问了半个小时直截了当的问题，得到的答案都很无力，于是我改变了方向。

"回家吧，"我对他说，"我们明天再见面，但在那之前，我需要你做一件事。"

他的任务是独自坐在某个地方，没有家人、经纪人、队友或朋友在身边，然后问问自己：什么是真的，什么是假的？你健康吗？你在害怕吗？你在生某人的气吗？把回答写下来。如果你准备好了，就写一份完整的清单。但你得从中找出什么是真的，什么是假的，因为有些事挡住了你的去路。

我认为他回来的可能性是 50%，而他带着清单回来的可能性是 10%。但第二天他出现在我面前时，他被自己手机里的清单震撼了。

一切都是假的。他不相信身边的人，他不信任球队，他不相信自己，他甚至怀疑自己的能力。他抽大麻但又害怕被抓住；他在恋爱时脚踏几只船，害怕他这些女人会发现彼此的存在；他担心家人会失望；担心自己的形象会被毁掉。他脑子里有那么多事情，我都不知道他是怎么还能记得如何系鞋带的。

我告诉了他我最真实的想法：要得到你真正想要的东西，就必须做真正的自己。你脑子里那么乱，怎么还能保持清醒呢？

之后，我们便开始工作了。在研究他的身体和比赛的同时，我们还努力消除他堆积的一些精神垃圾，锻炼他的 IDGAF 肌肉，这样他就不再会对所有的一切感到愧疚，并清除他的头脑中那些对自己和他人说的谎言。

起初，他的表现实际上变得更糟糕了。他非常努力地不去想那些他要摆脱的东西，以至于有一段时间他无法去想其他任何的事情，但他下定决心要渡过难关。当我听到他告诉他的父母，他不想成为穆罕默德·阿里，只想做自己时，我知道我们已经渡过了难关。他的表现也反映了这一点。

赢知道真相，它需要你来承认这一点。

你可以假装很多东西。你可以假装快乐，假装成功，假装拥有良好的关系，假装很有自信，假装知识渊博……但你不能假装赢了。因为即使你可以愚弄所有人，你仍然知道真相。

赢是绝对的。比分、美元符号、等级、数字，都可以用来表示赢。即使你的赢无法用数字衡量：从伤病中恢复；开始创业；进行一场艰难的谈话；获得升职；多年来第一次休假；衣服尺码变小。这些有形的东西依旧可以衡量你的结果。无论你多么努力，无论你在健身房或办公室花了多少时间，无论你多么有才华，无论你牺牲了多少。最终，你赢了吗？

我们有太多方式对自己撒谎了。"比分比看起来更接近，比赛比比分更接近，这个球队并没有它的记录那么糟糕，我们看到了一些好的东西，我们正朝着正确的方向前进，这是属于我们的一年。"

不。比分就是比分，资产负债表上的数字就是数字，你的成绩就是你的成绩，数据是准确且真实的。你是去度假了，还是待在家里谈论它。

对太多的人来说，假装赢比实现赢更容易。他们把所有的精力都花在看起来像一个赢家这件事上，而不是为了成为真正的赢家而努力。

我听到有些运动员在每个赛季开始的时候说：他们从来没有如此健康过；他们每天凌晨4点就到了健身房；这是有史以来最好的休赛期；他们是有史以来最伟大的队友；他们将赢得一切。当他们不能赢得所有的比赛时，他们是第一个谈论如何在下个赛季赢得所有比赛的人。

别再只是说说了，当你完成了某件事，赢会为你实现你所说的。我相信你认识一些人,他们吹嘘自己每天凌晨4点起床,好像这是赢的标志似的。对一些人来说,可能是这样。他们一直在利用这段时间来保持高效和专注,这是他们赢的常规操作的一部分。

但对大多数人来说,这只是社交媒体上的另一个炫耀的机会。"让我们开始吧!""得打败太阳!""这就是你击败竞争对手的方式!"老实说,每次听到这些,我都会想到两件事:要么,这些人需要找到一个让他们想在床上多待一会儿的人;要么他们正在逃避某事,可能正是他们自己,所以他们必须尽早起床,这样他们就可以不再盯着天花板,思考着他们所有的担忧、恐惧及正在伪装的一切。无论哪种方式,当你在黎明前起床,你做的第一件事就是发布闹钟在凌晨4点23分响起的视频时,这绝不是你专注于这一天的表现。你只是把注意力放在了别人身上,想着如何给他们留下深刻的印象。

每一天,我都会收到一些人(不是客户,而是我不认识的普通人)发来的信息和邮件,里面是他们凌晨4点锻炼的视频和照片。我不知道为什么。我猜他们想要的是我的祝贺和"你做到了!"这句赞扬。但说实话,谁在乎你是在凌晨4点,还是下午4点,或是其他时间去健身房呢?你得到结果了吗?你取得了什么成就了吗?告诉我你取得了什么成就,以及它如何帮你赢。在那之前,我只想告诉他们,还是多睡一会觉吧。

睡眠不足是如何成为野心的象征的?什么时候"休息"变成了"懒惰"的同义词?"如此忙碌"是如何成为"重要"的象征的?如果你睡眠不足,那不是什么光荣的事;这是一个弱点,说明你白天没有完成足够的工作。是的,你偶尔会为了赢而牺牲睡眠时间。但作为一种生活方式,作为一种展示你的重要性和忙碌程度的方式,你最终看起来像一个不能把生活安排得井井有条的马虎人。

赢从各个方面将你暴露。你对自己和他人说的每一个谎言,你捏造和炫耀的每一件事，赢都把它们放在最强的光束下，让每个人都能看到。它会撕下你的面具，让所有人看到你一直都知道的东西：不是那样的，你还什么都没赢呢！

如果"假装赢"是你追逐赢的策略，那么你就几乎没有赢的机会了。炫耀自己不曾拥有的、买不起的大房子或汽车，会让你感觉良好吗？如果你真的在帮助别人，在这个世界上做了好事，是其他人在谈论它呢，还是只有你自己在谈论？你为自己买了这么多虚假粉丝感到骄傲吗？它可能会让你开始，但如果你不能维持这种现状，你就只是个失败的骗子。

尤其是当你开始相信你卖给别人的东西时，你就已经知道你在欺骗别人了。你知道你在骗自己什么吗？你对自己的努力和承诺诚实吗？你是不是全身心投入其中了？

最糟糕的"励志"名言之一是："出场就已经赢了一半。"

不，出场和赢没有任何关系。如果一场战斗中你只需要出场，那么你离赢就太远了，就算用 GPS 和一队猎犬你都找不到它。

想要赢，你必须要有目标、有意图、有纪律。当有人说"出场就已经赢了一半"时，你看到的这个人就已经输了。我甚至说的不是让你全力投入健身、学习或工作。如果这一直困扰着你，那么你正在处理的就是与赢无关的初级问题。我指的是精神上的投入，专注于你正在做的事情，投入你所有的时间而不是一时半会。

为什么？因为赢将会出现。今天、明天，甚至以后的每一天它都会出现。不管是否有坏的心情、坏的消息、坏的天气，它都会出现。它才不管发生了什么；它不需要决定是 40% 还是 90% 的参与程度；它根本不在乎你是否出场，因为你可有可无。如果你不能唤起欲望和能量去做，别人就会这么做。

赢家已经准备好上场了，你的责任就是实现它。"现在还不是时候！""我需要考虑一下！""我还没有准备好！""可能会下雨！""太贵了！""家里的气氛太紧张了！"……把你这些狗屁借口都丢掉吧！

赢不在乎你正在面对的是什么，它不在乎你在编造什么借口，它不想知道是什么阻止了你，以及为什么。无论是你今天过得不好，还是家里事情不太顺，赢都不感兴趣。它希望你能在自己的时间来处理自己的问题。

赢喜欢暴风雨，只为了看看你是如何应对大风、暴雨和酷热。因为这场暴风雨不是在外面的街道上，而是在你的头脑中席卷。外面阳光灿烂，而你迷失在一场精神风暴中。但你还是得出场。

有多少次你因为没人同意你的做法而不露面？有多少事你没能做，只因为你找不到伙伴而又不想自己独自完成？你每想出一个借口，每次出现了一会儿就离场，每次彻底缺席，你就会离所追求的东西越来越远。

无论从哪种角度来看，是否出场都在你的掌控之中。这意味着在你明明想要做那些更有意思的事情来逃避赢时，你依然选择为实现目标而全身心投入。把你的长期目标放在短期快乐之前，并长期控制这些快乐，在你受伤挣扎的时候坚持下去。因为迟早有一天你将再没有机会出现了，而且毫无选择的余地。

出场意味着知道我们被赋予的生命是暂时的。明天永远在这里，赢也是如此，而我们不是。

出场意味着你知道自己拥有现在，不必担心昨天。因为昨天不会担心你，今天也不会再来找你。

出场意味着接受每个人都在挣扎的事实，并意识到"每个人"也意味着你自己。因为如果没有其他人出现，那仍然是你的责任。

出场意味着你知道未来的日子不是你计划中的那样。

出场意味着你可能独自出场，而且你也更喜欢这样。

最重要的是，这意味着面对现实，拥抱你人生的真相，接受自己所处的位置。因为赢从来不说谎，但大多数人都会说谎。你可能不会谎报你的年龄或体重，昨晚去了哪里，吃了多少饼干。但在某种程度上，我们都在某些事情上对自己撒了谎。

我没资格告诉你，你究竟对自己撒了什么谎。但你自己可能已经知道了，除非你能停止胡扯，开始面对自己所处的现实。否则，你就会被困在原地，在别人都把你看作酒瓶软木塞的时候，只有你还在假装自己是美酒。

我和那些认为自己像法拉利一样值钱的人谈话，而别人实际上只把他们看作是普通的摩托车。他们穿着古驰（GUCCI）的鞋子，但直到发薪日，他们口袋里只有12美元。他们穿着阿玛尼(Armani)的衣服，讲述着自己促成的一笔大交易，却没有告诉别人这交易10年前就结束了。10年来，他们一直都在努力减掉同样的5公斤。

这其中最大的谎言是："我有足够的时间。"

你没有。没有人有足够的时间。

赢不会相信你的谎言。你可以告诉别人，你想要的任何东西。赢都知道，但它认为你很荒谬。你可能在挣扎、抓住和操控自己，企图让自己感到人生还有意义。但成为一个骗子，并不能帮助你取得成功。你的故事会被人揭穿，你的矛盾会让你露出马脚。直到最后你才会意识到，你在想象中投入的所有精力，都花在了错误的事情上，而这一切都已经太晚了。

我曾经做过一个庞大的实习生项目(我现在已经不做这个了，所以不要问)，我很自豪地说，当初为我工作的许多人，今天都成了世界顶级培训师和教练。他们在美国职业篮球联赛、美国国家橄榄球联盟、美国职业棒球大联盟、北美职业冰球联赛、大学体育系甚至好莱坞工作。

第11章 赢家形象不是靠谎言堆砌起来的

我最好的实习生是那些早到晚走、拿毛巾、无须指导就主动做事的人。他们来到我们这里，没有任何生活安排，没有其他义务，除了真诚地学习和贡献自己所学到的知识之外，不带任何动机。另一方面，也有一些实习生让人"印象深刻"。他们被自己打动，对身边的运动员印象深刻，对他们认识的人及如何利用他们记忆犹新；他们只能待一个星期，因为他们计划去度假；他们需要我们提供住宿（我们没有）；他们想要协商他们的工资。

我问他们一个问题，他们会回答："我猜想……"你猜？我不需要你猜，我可以自己猜。我需要你足够仔细地去查清楚。你一整天都在看手机，你能用它找到我想要的答案吗？我想抓住其中一些孩子，摇晃他们的肩膀，并向前一步说："你是过来献一分力的，还是来看看你能从这拿走什么的？告诉我你需要什么，而你又愿意给我什么？不要告诉我你想'向我请教'，或者你真的能从我这儿学到东西。我能从你身上学到什么？如果我让你进入这个项目，我的客户怎么才能从中受益？"

那些和我们在一起的人很清楚他们想要什么。他们不是为了钱，也不是为了获得和超级明星一起工作的兴奋感。他们没有权衡自己的选择，也没有去判断这份长时间且辛苦的工作是否"值得"。他们并不是在寻找 B 计划，他们已经在实行 A 计划了。

当你认真想要"赢"的时候，每个计划都必须是 A 计划。你不能骗自己还有其他选择，因为它们并不存在。

几年前，我参与了一个重要的大学橄榄球项目。在演讲中，我要求球员们分享一下，他们在大型比赛前的那个晚上的想法。每个孩子都说着，要在脑海中把比赛预演一遍以进入状态，和兄弟们一起准备战斗。这是赛前典型的鼓舞人心的陈词滥调。

接着，一个年轻人开口了，我永远不会忘记他对队友们说的话。"我祈祷自己不要搞砸，"他说，"因为这就是我的全部。我别无选择，我需要去找专业人士。人们指望我，我也指望我自己。"

他没有考虑后备计划，他没有考虑一个B计划。他每天的生活和工作，就是为了确保自己不需要B计划。他在NFL选秀的第一轮就被选中，进入了他的下一个A计划——成为球队的首发球员。

这就是赢家的执行方式。

太多的选择等于太多的借口，太多的方法让人陷入困境。"我应该这样做吗？或者那样？也许这样更好？你怎么看？"你忙于制造无数选择，以致无法做出决定。这是一个简单的选择：你可以失败，也可以赢。选一个，然后采取行动。

我有一个企业客户，他拥有多家汽车经销商店，喜欢美味的食物和美酒，也努力控制自己的体重。当他出去吃饭时，他会给我发菜单的截图，问我："我能吃这个吗？"他知道不要以"我能换成这个或改吃那个吗？"这样的问题来问我。他问得直白而简单，他能吃什么？准备得如何？我只给他一个答案，但我不谈条件。你想减肥，这是你必须做的。你不能吃配着精致酱汁的杏仁鱼，可以吃烤鱼，不要吃饼干，暂时别吃水果。"香蕉呢？"他问道。我深吸一口气说："我说的是'不要吃水果'，体重降了一点后，我们再来谈香蕉。"

我们刚开始合作时，他说："我希望有更多的选择。"

"你想要更多的选择吗？"我问，"好吧，你可以选择减肥或增肥。请让我知道。"

你添加的选择越多，就越不可能得到想要的结果。你已经知道该做什么了，然后决定发挥创造性并开始"调整"。我讨厌调整，调整意味着"让我看看我怎么才能在这里或那里作弊，让它更简单，给自己一条退路。我已经得到了正确的答案，但是让我看看我怎么才能把它搞砸。"

第 11 章 | 赢家形象不是靠谎言堆砌起来的

伟大的人并没有寻求选择。他们已经知道了选择：赢还是不赢。

我并不死板。如果有调整的空间和做出微小改变的理由，我们就会这么做。但厌倦了烤鱼并不是原因。

对我的运动员来说，坚持 A 计划可以涉及很多方面，从他们多久需要洗一次冰浴，到什么时候喝什么饮料。我活在现实世界里，我不是说成年人不能喝酒。但我会问一些需要他们表明立场的问题：你能喝清龙舌兰酒而不是棕色龙舌兰酒吗？你能不加调酒饮料和糖浆吗？赞同？好吧。运动员越强大，可变的空间就越大，因为他们的能力能够弥补放纵，而大多数球员都没有资格。

同样的道理也适用于那些想让员工开心的老板们。最近，我与许多希望团队成员能拥抱一种追求赢的心态的企业主进行了交谈。他们希望自己的员工坚强、专注、有动力，但又觉得自己有义务为团队提供所有可能的福利和选择，让每个人都开心。我理解创造某种文化的好处，但要让它成为一种奖励成功的文化，而不是对福利的需求。如果你的员工主要是因为周五有篮球场和免费饼干才来的，那你就选错了人。

这是我对每一个想要保证员工的诚实和责任感的团队、组织和企业的建议：创建一个"WTF"（What the Fuck，什么鬼）部门。WTF 部门是公司内部的谎言检测员，拥有超越管理层和人力资源部门的绝对权力，对员工的造假行为进行检查。

假如某个员工向所有人抱怨说，他应该升职加薪，但他的销售额却是团队中最低的，该怎么办？WTF 部门会指出这一点。有人因为做了该做的事，却没得到表扬而感到沮丧，该怎么办？WTF 会提醒她："你应该这么做，这是你的工作。"老板每天大部分时间都在制作短视频？WTF 会前来制止他的。

做你自己的 WTF 部门，对自己负责，承担应承担的责任。如果你没有赢；如果你只是每天按部就班上床，期待第二天一切就会变好；如果你花更多的时间来塑造自己作为赢家的虚假形象，而不是投资于不再作为一个失败者的方式，那么是时候"喝"下真相了，它很苦但很值得。

因为前方还有很长的路要走，看不到尽头。

W1NNING
野蛮进化 ❷

第 12 章
CHAPTER 12

赢家世界没有终点，
你需要永远在冲刺

精英逐胜者一旦达到目标，肾上腺素分泌减少，便开始渴望更多的成就。追求结果的快感如此强烈，他根本难以回到现实。精英逐胜者需要不断地吞噬，持续地品味那种彻底的满足感。

在这本书的开头,我们谈到了"赢的语言"和一些愚蠢的"名言警句"。这些句子没有任何意义,它们让你慢下来,最终把你踢出比赛。直到现在,我特意保存了其中的一些陈词滥调,因为它是如此错误,具有不小的误导性,所以我将专门用一章讨论它。

"这是一场马拉松,而不是短跑!"

停下来。

我相信这对某些人来说意义重大,因为人们总是用它来确定一个极具挑战性的长期旅程,一个需要极大耐心的长期任务。对我来说,这与拖延症、不确定性和完全缺乏专注有关。

各位,你们没有那么多的时间。如果你想赢,马拉松就是短跑。你想跟我争论这个问题吗?首先这样做:登上跑步机,试着在5分钟内跑完1英里(1英里约为1.61千米)。这样的速度比一个顶级马拉松选手的速度要慢一些,但已经足够接近了。他们会以这个速度跑完26.2英里,而我只让你跑1英里。然后再来告诉我,这感觉像马拉松还是短跑,前提是你还能站着呼吸。

你明白我的意思了吗?马拉松选手要跑完全程。他们从来没有说过,

"嗯，这是一场马拉松，我可以慢慢来。"他们可能会在途中改变速度，但为了赢得马拉松比赛，他们要努力跑26.2英里。

是的，你可以在没有冲刺的情况下跑完马拉松。你可以按照自己的速度跑，这仍然是一个伟大的成就。但我们现在谈论的是赢，而不仅仅是结束比赛。每支球队都完成了这个赛季，但只有一支球队能赢得冠军。

当人们用马拉松和短跑的例子说教时，他们通常想说的是："别着急，你还有很长的路要走。"这可能是对的，但更有可能的是，这只是在找借口。"慢下来，急什么？慢慢来，不要太使劲。"

通常，说这句话的人从来没有参加过任何形式的比赛，更不用说马拉松了。他们希望你能和他们一样慢，这样他们就能对自己缺乏进取心的事实心安理得。当他们慢悠悠地走在马拉松赛道上时，另一些人就从他们身旁跑过，抢走了他们的梦想。

不管距离有多远，你都要把每一步都当成最重要的一步，因为它确实最重要。在一场真正的比赛中，你没有机会在补水站停留5分钟。你直接跑向它，拿起一杯水，继续向前跑。

当人们说"重要的是旅程，而不是目的地"时，这到底意味着什么？如果你不在乎目的地，为什么要踏上旅程？这样你就可以四处游荡，梦想着如果你到了某个地方会发生什么？你不是为了一趟旅程而跑，你是为了到达某地而跑。

无论你在人生中追求的是什么，都不能选择坐下来。跳过几天，用一个月的时间来思考，然后看看一年后你的感觉如何。从开始到结束，你都需要始终如一，目标明确，精力集中。当你到达终点时，你应该已经看到了你面前的下一个出发点。这就是为什么马拉松变成了一连串的冲刺。

赢可以不着急，但是你不能。

技术、科学、通信、交通……在我们的世界里，所有的东西都在快速发展。仅仅保持速度是不够的，你必须奋力前追。也许你还听过其他类似的愚蠢表达："罗马不是一天建成的！"

不，不是的。罗马每天都能建成一点点，持续了成千上万天。这就是冠军和赢家获胜的方式。他们每天都完成一点点，持续了成千上万天。

那这个呢？"这只是一场游戏。"如果这能让你在失败后感觉好受些，那你根本就不配赢。"这只是一场比赛而已。"直到你错过了季后赛，或者因只差最后一个胜场而输掉了整个赛季。

只是一场比赛，只是一次会议，只是一个想法，只是一个错误。意思是"这不是那么重要，而我有足够的时间。"

不，你没有。去掉"只是"这个词，整个意思就改变了。

这是一场比赛。"你拿不回来了，它很重要。"

这是一次会议。"如果其他人也抽出时间参与进来，那就贡献一些有价值的东西。"

这是一个想法。"处理它，不要过虑或忽视它。"

这是一个错误。"承认它，拥有它，但不要重复它。"

赢在这场无情的比赛中，不允许你走捷径或拖延，它想看你冲刺。

科比的一生都在冲刺，没有人能像他那样。

他没有爱好，也没有让他分心的事；他不打高尔夫，不跟朋友出去玩，不参加派对。他偶尔会去看电影，然后把整个影院租下来。这样就可以带一小群朋友或家人私密地看电影，通常是连续看两次。此外，他不断训练，不断练习，他研究团队为他准备的比赛录像。除了家庭是他篮球之外的首要任务，他的全部注意力都集中在一件他痴迷的事情上：赢。

第 12 章 | 赢家世界没有终点,你需要永远在冲刺

在 NBA 征战的 20 年里,一个又一个的赛季,一场接一场、一节接一节的比赛,科比不断地冲刺着。他从不放慢脚步,也无法理解那些放慢脚步的人。他听说一群球员要去听音乐会、参加派对或参加其他体育赛事,但他很少加入他们。你们就这么做吧,他想,我就在这做这些。那是他提升自己的时候,去做别人没有做的工作。他相信额外的工作为他的技能增加了多年的优势和经验。

他没有耐心等待,也没有耐心重建。他每个赛季的开始和结束都是一样的:向冠军冲刺。即使在 2016 年退役时,他仍然保持着同样的步伐,痴迷于新的事情。在他 41 年的人生中取得的赢,比大多数人几辈子能完成的还要多。一段非凡的人生,有着非凡的成就。这让很多人不禁要问:他是如何在给定的时间内取得如此巨大的成就?

科比的秘密武器:专注和执着。只要他需要,就能专注于自己所做的事情,直到获得自己想要的结果。大多数人总顾虑着一件事要多久才能完成,而赢家坚持不懈,直到赢为止。科比没有衡量时间。他不在乎要花多长时间,也不在乎他还要做什么,他只关心这是否有助于他的结果。对他来说,是凌晨 3 点去健身房,还是下午 3 点去健身房,这并不重要。他不知道自己能打多少年,他只知道自己还想要多少枚冠军戒指。他没有写畅销书或制作奥斯卡获奖电影的时间表,他只是想完成它,只想现在就完成它。

你无法知道自己得努力多久,才能达到那样的成功水平。你只能专注于结果,并继续朝着成就伟大的方向冲刺,直到你被迫停下来。

只有死亡才能让科比停止。用科比的好朋友和导师迈克尔·乔丹的话来说:"我从来没有输过一场比赛。我只是没时间了。"

大多数人从来没有想过时间快没了。他们展望未来,看着日历上一天、一月、一年的空白,认为他们有足够的时间来填补它们。

科比的成功并不是善于管理时间的结果，而是他坚持不懈地关注结果促成的。我们允许时间支配我们的许多决定。"这需要多长时间？最后期限是什么时候？我应该投入多少时间？很晚了，我得停下来。什么时候结束？"

停止管理时间，开始管理你的关注点。赢不在乎你是否有时间，它希望你挤出时间，因为没有什么比这更重要了。实现你的梦想靠的是管理结果，而不是管理时间。我知道有无数关于时间管理的书籍、专家和理论。我理解日程安排、组织和对抗拖延的价值。这是一种伟大的纪律形式。

当然，如果你更专注，你就不会拖延，因为你已经很自律了。时间是无法被打败的。不管你做什么，它都会比你更持久，更聪明。如果你允许的话，它甚至能让你瘫痪。你无法控制它，但你可以避免它控制你，只要你能专注于最终结果。

想想看，你正在做一些必须在今天结束前完成的事情，你会感到压力，不断地看时间。你脑海中一直有个声音在说，"快点，快点，怎么花了这么长的时间？"你还剩4小时。下次你再看的时候，只剩下3小时。你已经收到了7封询问你何时完成的邮件。只剩2小时了，你还没完成。你起床，去洗手间，吃点零食，再看一次手机。嘀嗒嘀嗒……你压力很大，注意力不集中。只剩下1小时了，你就急着赶路、犯错误、走捷径。你知道这不是你完成得最出色的工作，这可能是你做过的最糟糕的工作。

但是你"按时"完成了，恭喜。如果你把注意力集中在完成工作这件事上，而不是在想要花多长时间，事情会怎样发展？

赢需要结果，结果需要专注。

关掉手机，关掉电视，关上门。你不需要问其他人你该做什么，现在只有你和工作了。没有干扰，没有时钟。专注于你正在做的事情，而不是你错过的事。你得控制一切。当你做到这些后,会发现自己事半功倍。

这简单吗?不,赢从来都不简单。但是那些能够掌握这种专注力的人,将会在竞争中脱颖而出。

顺便说一下,你可以练习这些。训练自己去体验,什么才是真正的专注。简单的练习:用不常用的手做某事,包括吃饭、写字、扔球、挥棒、刷牙等一切你用惯用手便能自动完成的事。通常你不会去想刷牙的过程,它不需要你集中注意力。但是试着用另一只手,你会发现这很尴尬,让人不舒服,而且需要集中精力去执行。你在和你的大脑做斗争,让它锁定在这个简单的任务上,你能坚持30秒吗?1分钟呢?还能坚持更长的时间吗?我不是在拿挥舞你的牙刷和马拉松中的冲刺做比较,但如果你不能控制它,又怎么能做到其他的事情呢?

这里有另一种方法可以重新训练你的思维:正着数到最后期限,而不是倒数到最后期限。时间迫使你倒数到最后,"5、4……我还有很多事要做,3……快点,我快没时间了,2……我撑不住了,1。时间到。"

注意要正着数。数字是无限的,时钟永远不会用完。"1、2……这是实现目标的未来,3……让我们开始吧,4……别再数数了,赶紧干活吧。"

重要的不是你还剩多少时间,而是在剩下的几分钟、几小时、几周或几个月里你还能做多少事。不要倒数到日历的最后,也不要因为假期、派对和年底的疲劳而把12月抛到九霄云外,而是要计算出你在年底之前还能完成某件事的每一天,因为其他人都已经离开了。当你正着数的时候,你永远不会数到零,所以你永远不会失去动力。你可以全力以赴开始新的一年,而其他人则试图记起他们离开的地方。

时间会告诉你,你没有完成什么。关掉时钟,把你所有的精力都集中于结果。

如果你的注意力集中在一个时间限制上，你就不能专注于当下。如果你的大脑无法阻止它，时间压力将扼杀你的表现。你在体育运动中经常看到这种情况，例如，四分卫在压力下退缩，或者篮球运动员无法投出最后一球。他们在脑海中开始倒计时，而不是去执行。大多数球员痛苦地意识到时间不多了，他们很恐慌："我只有 3 秒钟的时间，我必须把球投出去。"他们是如此的心烦意乱，以至于过度思考，犯粗心的错误，失去对当下的控制。

伟大的球员总是处在当下。如果乔丹或者科比还有 3 秒钟的时间，他们不会想："我能在 3 秒钟内完成吗？我的时间够吗？"他们清楚地知道自己能在 3 秒钟内完成什么，他们完全专注于完成任务。"3 秒？让我去那个地方，我来搞定。1，我在这里。2，我在那里。3，球在篮筐里。"甚至分数也是正数的。

专注是战争中的终极武器。当时间在你面前晃来晃去，不停地提醒你有多晚时，专注会把你带到一个无法察觉时间的地方，在那里你不知道时间过去了多久，你也不在乎。

时间会提醒你，还有多少事情没有完成；专注会锁住你，直到你完成。

时间告诉你停下正在做的事情，去睡觉；专注告诉你还有很多事要做，事情做完后你才可以睡觉。

时间压力是外在的；专注来自你的内心，没有人能控制它。

时间让人分心；专注则将它们屏蔽。

时间告诉你快点；专注让时间闭嘴。

当你在管理时间的时候，能看到的就是它需要多长时间；当你管理专注时，你并不在乎。时间是关于别人的，专注是关于你自己的。

第12章 赢家世界没有终点，你需要永远在冲刺

你有过完全专注的工作模式吗？你开始做某件事，几个小时后你才意识到，自己还没动过、没吃过东西、没有上过洗手间……你根本不知道地球是否还在转，你不知道现在是中午还是午夜。你只是被自己正在做的事情束缚住了。

当我和一个运动员在一起时，其他一切都消失了。我不认为我需要去好市多(Costco)超市、出门遛狗、回复电子邮件。我专注于我们正在做的事，以及下一步需要做的事。我可能会数他走了多少步，他是用右脚还是左脚着地，他疲劳时是如何支撑的。我关注的都是那些最容易被忽视的细节。如果我在看他的比赛，我不会自拍，也不会在球馆周围走来走去和别人握手，或者发布照片炫耀我的座位或我穿的鞋子。我坐在我的座位上，专注着每一刻。我从来不知道谁坐在我身边，如果你在比赛中走过来找我，我可能根本不会注意到你站在那里。我不是没礼貌，只是我的注意力在其他地方。

这也影响着我的工作。你要我今晚到这个城市或国家吗？我会到的。你需要把我们的会面时间从上午11点改到晚上11点吗？已经搞定。你酒店的健身房关门了吗？我会找个新的健身房，如果有必要的话，我会在你房间里训练你。我没有停下来想：那行不通，我有这些计划和那个预约，它太复杂了……不。当我被干扰困住时，我只完全专注于我们的结果。

但这正是大多数人找借口的时候："别担心，事情总会发生的。这是一场马拉松，不是短跑！"赢在看着，等着看你是否愿意接受这种废话。

我从不接受这样的借口。如果有客户迟到半小时(尽管最优秀的人才永远不会迟到)，并告诉我说我们没有足够的时间，我会告诉他："哦，

真的吗？你有 25 分钟的时间吗？那我们就用这 25 分钟吧。这将是你一生中最专注的 25 分钟。"

你没有时间来完成你的工作？不，你只是没有集中精力完成你的工作。时间在流逝，你却在想别的事。专注关乎每一分钟，而不是小时、天或年。如果我需要你专注一整个小时，你不能在第 59 分钟时失去注意力。在那之后，你可以去看卡通片或打电话给你的经纪人或找你的朋友。但在那一小时里，整整 60 分钟，我们都要冲刺。

乔丹的专注始于他早上开始锻炼的那一刻，通常结束于比赛后回到酒店或家里的那一刻。在那段时间里，他专注于需要在那段时间内完成的事情。没有什么是计划外的，也没有什么能逃过他的专注。在那之后，他可以松口气，并放松一会儿，直到第二天他又重新开始。他不知道还有别的办法。那是他与赢的直接联系，现在仍然是。

许多职业运动员在新冠大流行期间得到了无法专注的教训。当时隔离和预防措施意味着球迷无法来现场观战，并且在某些情况下，他们生活在一个没有家人或朋友的安全的"泡沫"中。几乎没人记得他们上一次在空荡荡的体育场和竞技场比赛是什么时候：小学？操场上吗？他们的整个体育生涯，父母、朋友、家人都参与其中，还有成千上万尖叫的球迷。现在，他们第一次体验到沉默。没有人欢呼或起哄，没有小贩，没有门票需要分发，不用担心朋友或家人坐在哪里。他们能听到比赛的声音，他们可以听到对方的声音。完全不同的体验。有些人说，这根本不会影响他们的比赛表现；有些人认为，缺少干扰让他们更专注于比赛本身，而不是比赛之外的事情；其他人则说，没有人群的喧闹，他们很难进入那个"区域"，在那里他们的专注会提高到难以置信的程度。

专注与我们在《野蛮进化》中提到的白热空间不一样，白热空间是无意识的。你的技能如此熟练，专业知识是如此丰富，以至于你不需要思考你在做什么，行动就会顺其自然。专注是高度有意识的，它要求你时刻保持敏锐，专注于技能，最终你不再需要思考，只需要执行。除非你掌握了专注，否则你无法进入白热空间。专注是你的训练场地。

想想你现在处在人生中的哪个阶段。也许你觉得自己做得还不够，还没有达到目标。你对自己很失望，因为你知道你本可以做得更多，但有什么事情阻止了你。你失去了方向，不是一分钟或一小时，而是很长、很长一段时间。

这都是因为缺乏专注。

为什么人们总是等到失败或失望的时候才开始专注呢？他们在某件事上失败了，被团队开除了，输掉了一大笔买卖，找不到工作或无法加薪，然后他们才开始想要全力以赴。现在他们要认真起来了，一切都会改变的。但一个问题是：他们以前为什么不认真？又有多少人受到失望的打击，仍然无法专注呢？

专注是为了控制你的行为，然后你做正确的事情才会更容易，也更难因错误的事情而分心。

我不是让你时时刻刻保持这种状态。你需要一些分散注意力的东西来让你放松，让你的注意力得到休息：孩子、小睡、锻炼、度假，利用这段时间来激发你的注意力。但要控制好、选择好时间，这么做是因为你想做，而不是因为有人要求你做。

显然，你不可能对生活中的每件事都给予同等的关注和付出，所以无论你选择关注什么，它最好是你自己想要的东西，而不是别人想要的东西。因为你不可能把过多的精力集中在你不想要的东西上。

你怎么知道某个目标是否值得？问自己3个简单的问题。如果这3个问题的答案都不是肯定的，赢希望你转移你的目标：

- "你想做吗？"这是你自己的主意，还是别人的？这是你的梦想，还是为了取悦别人？因为你不能只是想要它，你必须足够渴望它，让它成为你痴迷的东西。

- "你能做到吗？"如果你不能，如果你没有技能或方法去实现它，世界上所有的专注都不会带来结果。你必须更客观地判断自己是否有完成某些事情的能力，这样你才能专注于那些至少有机会完成的事情。

- "这值得你花时间吗？"我的意思是，这真的值得你花时间吗？这样的付出、承诺和不懈的努力是值得的吗？因为赢想要占据你所有的注意力，而不仅仅是你无事可做时的空闲时间。

专注是百分百关于你自己的。你不会制订你没有时间参与的晚餐计划；你不会为别人的杂事而忙碌；你不会立即回复每一条短信、每一封邮件和每一通电话。你在保护你的精神空间，为自己创造控制权。24小时始终在等着你做出选择，来确定如何利用它们。你会用它们来赢得胜利吗？

W1NNING
野蛮进化 ❷

第 13 章
CHAPTER 13

赢，远不止于此

精英逐胜者和其他所有人一样，也会精疲力竭，比起让他就此离开或者忘却此前付出的种种艰辛，继续前行更令他感到焦虑和紧张，因为内心对胜利的渴望依旧汹涌澎湃。

当我开始写这本书的时候，我列出了我想阐述的所有主题，我认为这些主题对我认识的、看过的和经历过的所有赢家产生了最大的影响。

当我最终确定了这份清单——"赢的13法则"之后，我不得不嘲笑那些没有入选的主题。努力工作、承诺、团队合作、领导力，当然还有很多其他的主题。

如果你读完了整本书，你想知道为什么这些东西没有突出重围。我向你保证，这不是疏忽。我想给你更多，因为赢远不止如此。你真的需要我告诉你努力工作和承诺的重要性吗？好像你不知道似的。我不想谈论那些老生常谈的事情，它们已经被写入了成千上万本书里，被讨论了无数次。如果我要写一本关于赢的书，就得写一本没人写过的书。因为我看到的和学到的太多了，多到无法和你们分享。大多数人都能达到预期的效果，但这对我的客户没用，对我也没用。

如果你像其他人一样做，你就会变得像其他人一样。我希望你能变得更好。你已经知道了，赢需要努力工作和承诺，你也已经知道了团队合作和领导力的重要性。你在这本书里读到的一切，都是为了让这些事情成为可能。除非你理解并运用你在这里读到的东西，否则你将无法实现这些目标。除非你能主宰你心中的战场，否则你无法投入到艰苦的工作中。你的承诺只会和你的韧性一样强大。除非你的心比你的情感更强大，否则你不会成为一个有能力的队友。如果你不知道该如何独立思考，你就不可能成为一个伟大的领导者。

人们喜欢谈论赢的态度，赢的心态……但这到底有什么意义呢？如果你不曾赢过，你就不可能有那样的态度或心态。你不能从播客听到或从书中学到它，即使是这本书。不是仅仅拥有一颗想赢的心，就能使你赢得胜利。你必须释放真正的能量，并执行赢的行动。它不会自己成长，它需要你的投资和承诺，它需要获得一切才能成长。你必须承担风险、采取行动，并感受它。

你必须真切体验赢的所有过程，而不仅仅是最后的庆祝活动。如果你看过一场盛大的赛后庆祝（我说的是常规赛，而不是冠军赛），你会发现，最享受其中的庆祝者通常穿着最干净的球衣。有时他们甚至连衣服都不脱。是的，他们"赢了"，作为团队的一分子。但直到他们真正感受过这一切之前，他们不可能知道是什么让他们抵达这里。他们不可能知道。

还记得本书前面谈到的可以破解赢的组合密码吗？赢的13法则是密码的第一部分。但还有许多其他的真理，是你可以吸收和应用的。事实上，无穷无尽的真理可以为你所用。即使掌握其中的一小部分，也要花上许多人一生的时间。

我在这本书的一开始就告诉过你们，这13条法则中的每一条都和其他任何一条一样重要。但如果我必须选择其中最重要的一条，来真正概括我对赢的理解，那便是：**赢，永不满足**。

因为事实就是这样。每一天，在你做的每一件事中，你的赢都在等待着你。它们无处不在，但它们不会永远等待下去。别再等着别人告诉你，什么能做什么不能做。别再站在场外一边看着别人赢,一边想着什么时候才能轮到你。现在轮到你了。长期目标是很好的,但"长期"并不是对任何人的承诺。你的技能和机会都有一个截止日期。如果你想要什么,现在就去争取。

对于那些说自己想要赢,却没有表现出紧迫感或缺乏动力无法真正行动的人,我感到非常沮丧。就好像他们有无限的时间和机会去解决这个问题,就好像赢迟早会发生一样。对我来说,紧迫感是赢家和看着别人赢的人之间的最大区别。

那种"现在就要得到它"的感觉定义了科比的精神。他的不耐烦是出了名的,总有工作要做,他无法容忍那些不愿意做的人。他生命中的每一天都在急切地想要赢得某件东西、任何东西、所有的一切。

正如你在这本书中经常读到的,我们在人生中犯的最大的错误就是认为我们有时间。我经常和科比谈论这件事,我多么希望我错了。当你觉得时间充裕的时候请记得他,我每天都在想我们之间的对话。

赢家有一种恐惧,这种恐惧与失败无关。他们可以从失败中恢复过来,他们可以找到另一种方式来赢。他们害怕时间不够,没有足够的天数、周、月、年来完成他们一生的工作。一切没有就绪,没有完成他们梦寐以求的一切,没有完结。大多数人都承认,在他们的一生中,他们不可能完成每一件事情。赢家不会接受这一点,他们需要完成一切任务。

因为最终,赢是不朽的。它是你的遗产,是你所取得的成就的巅峰、所建立的王朝、所贡献的全部。它是你如何感动你周围的人,留给他们的回忆,为他人和自己做事情的总和。如果你在通向伟大的比赛中取得了成功,在你生命的尽头,赢会拥抱你,抹去你的损失,让你永远留在它的名人堂里。

死亡将你带入赢的精英俱乐部,在那里没有什么能改变你的成就,

第13章 | 赢，远不止于此

你的成就会一直伴随你，你的比赛已经结束了。

人们说赢让他们感觉自己还活着，确实如此。但它也会让你更接近生命的终点，因为捕捉赢所需的时间越长，你享受赢、重复赢或从中学习的时间就越少。这是一场无情的比赛，你的时间一天比一天短。

在我上大学的时候，我在床上挂了一个篮球网，里面有一个球，这是对投中制胜一球的奖励。我常常躺在床上，看着球网，想着没有它我是如何学会打球的。在破旧的混凝土操场上，有一个生锈的铁圈，那正是我需要的，一个球和一个篮筐。一个篮网？我以为那只是作秀。当球穿过篮网的时候，球的速度会因篮网而变慢，所以当我还是个孩子的时候，我总是觉得球又快又重地朝我飞来。

具有讽刺意味的是，我床上的那个球从来没有被使用过，也没被拿来做它应该做的事：弹跳、滚动，或是在空中飞。多年来，这张网一直把它固定在那里，一动不动。这就是网的作用：困住你，把你困在一个地方；保护你，不受他人伤害，也不受自己的伤害。

我们都有一张网，阻止我们去做该做的事。不要让这种事发生在你身上。**去做所有的事情，体验一切。尝试、幻想、梦想，让一切成真。赢家欢迎所有的经历，因为他们永远不知道哪一个会让他们更上一层。**

我不是告诉你要"找到平衡"，在那里你要承担一百万件对你的目标没有什么帮助的事情。我建议你拥抱可能性和希望，用新的方式去学习和思考。我告诉你要像没人在看时那样跳舞，即使他们在看。但你要放手、放松，只因为你想要。不是为了别人，而是为了你自己。

赢家知道他们会失去时间、朋友、金钱、勇气和力量，但他们从来不会失去对自己的信心，因为他们有足够的动力去赢。他们不能接受另一种选择。

大多数人会鼓励你去接受更少的条件。他们会告诉你，你已经做了你能做的一切,所以放轻松,不要把每件事都看得那么严重。

赢家每天都在发起斗争,一场无情的斗争,对抗不幸、软弱和懒惰。你的日常活动是什么?你如何抵挡诱惑和怀疑?你如何对抗放弃的冲动?"我们走吧!"不是一场运动。"打败它"也不是一场运动。

每个完成了某件事的人都有一个共同点:想要放弃。没有哪个赢家在某个时候没有想过放弃,除非你尝过放弃的冲动,否则你无法做出对胜利的承诺。

我们都有软弱的时候,我们都有放弃的冲动。这将是如此得容易,如此得安静,如此得平静。停止疯狂、紧张,摆脱巨大的压力,像其他人一样正常生活。

正常,和其他人一样?

不,谢谢。

你不可能每件事都赢。每个人都有不足之处。你不可能成为世界上最强壮、最快、最聪明、最富有的那个人。你不会主宰一切,你不可能赢得一切。

但你会赢的。探索并接纳自己的弱点,只有这样,你才能摆脱那些阻碍你获得想要的一切的恐惧和压抑。驱使自己突破这些界限,直到找到让你兴奋的东西,并把你带到想去的地方。

赢无处不在,就像那首萦绕在你脑海里的歌,一遍又一遍地重复着,你无法让它停下来。不要停下来,继续前进,每一天都继续前进。

对赢的追求定义了我的生活。我对它的渴望不是为了金钱、名誉,或接近我们这个时代最伟大的赢家。对我来说,每次赢都会带来难以形容的、充满自豪、甜蜜和满足的快感。这种快感是如此强烈,以至于你只能从自己脑海中的黑市里得到它,那是你脑海中最黑暗的地方。

不幸的是,这种快感不会持续太久。我们在精力、专注和准备上预付了所有定金,直到有一天我们可以拥有赢的奢侈。但赢是无法被拥有的,我们只能租借它。无论我们支付了多少,赢总会在某天换锁,直到我们重新支付。我们怎么能不继续支付呢?我们什么都不知道,我们什么也不想知道,请告诉我们价格,我们会支付的。

我对赢的追求给了我很多回报,但也让我付出了很多代价:我的健康、关系、家庭。当我感到身体或情感上的疼痛时,我从未退缩,我从未退出我正在进行的比赛。相反,我约束自己,让自己坚强地度过这一切,有时是为了保护我爱的人,有时是为了保护我自己。我可以成为别人的救生衣,但很难让别人来救我。我可以随时改变方向,但那不是我,我一点也不后悔。

在我父亲生命的最后几天,他告诉我,这个家庭现在是我的责任。带着一颗即将失去父亲的破碎的心,我告诉他,我没有他那么坚强。

"你说得对,"他说,"你比我更坚强。"

我每天都在努力证明他是对的。力量有很多伪装。是的,这意味着坚持不懈、坚韧不拔。在你连自己都撑不住的时候,你需要支持别人。但这不仅仅是展示能力和控制,这意味着你有能力嘲笑自己,看到自己的缺点。这是当时机成熟时离开的信心,而不是回头看你留下的东西。当你有感觉的时候就表现出来,没有感觉的时候也不要假装。与那些一直陪伴你的人分享你的赢,他们从未离开你,也永远不会离开你。如果你有幸找到了那个人,你就找到了像赢本身一样罕见的东西。

如果你看过《最后一舞》,你可能会看到我在某个时刻变得非常激动,谈到乔丹对自己和球迷的承诺,那就是永远展现他最好的一面。我永远不会忘记他在那些年里为自己付出了什么,他的肩上和他的心里又承载了什么。当时的感觉很强烈，直到今天这份记忆仍然很强烈。

你没看到的是之后发生的事。《最后一舞》的导演杰森·赫尔（Jason Hehir）问我："为什么要这么激动？"有很长一段时间，我甚至说不出话来，最后当我终于能说话了，我用我从未说过的话来回答了这个问题。

乔丹给了我一个机会，我告诉赫尔。他给了一个他甚至都不认识的孩子一个机会，让我和他一起在通向伟大的比赛中奔跑了15年。除了我的父母，没有人对我的生活有更大的影响。我永远无法表达我的感激之情，感谢他对我如此地信任。

那时我们都是年轻人，看着他，以及所有把职业生涯托付给我的伟大运动员，进入人生的下一个阶段，并仍然在寻找赢的道路上奔跑，便是我莫大的骄傲和快乐。他们从年轻的男人成长为父亲，甚至是祖父；他们从篮球运动员成长为文化偶像、企业家、商业大亨和广播公司老板。我有幸进入到他们的生活，并让他们走入我的生活。

我喜欢看到乔丹每天早上把他的高尔夫球杆随性地扔进不同的汽车里，经营他的生意，享受他作为五个孩子的父亲和一个漂亮孙子的爷爷的生活。我喜欢看到韦德和他的家人在一起，对自己漂亮的孩子们感到的骄傲。在没有偏见或评判的情况下，自由地表达自己，用自己的方式抚养他们。我喜欢看巴克利在电视上做他自己，讲他自己，改变一些事情，就像他打球时一样。

我永远不会停止想象科比会取得怎样的成就。这个世界理应拥有他更多的才华和伟大，他理应得到更多的东西。但我知道他和他的孩子吉安娜一起坐在赢的餐桌上，每天都在寻找新的赢，嘲笑我们其他人。

迈克尔·乔丹为我打开了门。我可以向其他信任我的人敞开心扉，不仅包括客户，还包括渴望学习这门业务的年轻训练师。因此，当其他人因我所做的一切而称我为教父、大师时，我自愧不如但又引以为豪。

这对我来说就是赢，我能够授权别人做我做过的事。

这本书的开头，我谈到了通往赢的艰难、忍耐和牺牲。赢的过程充满了野蛮、困难、讨厌、粗鲁、肮脏、粗糙、无情、毫无悔意、不受约束。这就像奔向一个能尽一切可能确保你永远不会到达的目的地。这很艰难、很无情，也是应该的。但是到最后，甚至在整个过程中，都是快乐的。一定会有欢乐。

无论你多么紧张、多么有竞争力、多么有动力，都不要放弃活在当下的机会，拥抱你所拥有的，并尽可能地坚持下去。在你的生活中，花点时间寻找真正的乐趣、幸福、快乐和笑声，无论你能在哪里找到它们。享受生活，欣赏那些能给你带来满足感和成就感的事情，并不会让你变得软弱。

对我来说，这些事情并不一定是冠军奖杯或冠军戒指。我的一些最伟大的成就，就是在我的客户达到一个全新的水平后，我从他眼中看到了喜悦。知道我的父母为我感到骄傲；看着观众"理解"了我的演讲；与我的 Down & Dirty 指导小组一起工作，一次又一次地听到他们的赢。保持真实的自我，忠于那些我爱的人和无条件爱我的人。最重要的是，成为一个父亲。

无论你的梦想是什么，无论你在追逐什么，坚持下去。相信赢，为它而战，就像你的生命取决于它，因为事实确实如此。

赢在看着你，它在终点等着你，它带给你一条信息：

欢迎。比赛结束了。代价已经付出了。就目前为止。

W1NNING
野蛮进化 ❶

附 录 A

你的下一次赢在何处?

这些页面是让你来填满你过去、现在和未来的赢。

赢无处不在。认识它们、享受它们,并在它们的基础上发展,为下一步做计划,把它们写下来,赢在等待着。

你过去的赢_____
_____
_____
_____
_____

你现在的赢_____
_____
_____
_____
_____

你未来的赢

13条"赢家法则"影响的"精英逐胜者"

姓名	头衔及名誉
科比·布莱恩特 Kobe Bryant	黑曼巴 NBA 名人堂巨星、5 次获得 NBA 总冠军
迈克尔·乔丹 Michael Jordan	飞人、篮球之神 NBA 名人堂巨星、6 次获得 NBA 总冠军
德维恩·韦德 Dwyane Wade	闪电侠 NBA 巨星、3 次获得 NBA 总冠军
勒布朗·詹姆斯 LeBron James	小皇帝 NBA 巨星、4 次获得 NBA 总冠军
哈基姆·奥拉朱旺 Hakeem Olajuwon	大梦 NBA 历史 50 大巨星
斯科蒂·皮蓬 Scottie Pippen	蝙蝠侠 NBA 历史 75 大球星
查尔斯·巴克利 Charles Barkley	空中飞猪 NBA 名人堂巨星
特雷西·麦克格雷迪 Tracy McGrady	T- 麦克（T-Mac） NBA 名人堂巨星

续表

姓名	头衔及名誉
拉里·伯德 Larry Bird	NBA 印第安纳步行者队总经理 NBA 终身成就奖
迈克·沙舍夫斯基 Mike Krzyzewski	老 K 教练 美国 NCAA 千胜教头、美国梦之队主教练
谷爱凌 Gu Ailing	中国自由式滑雪队队员 2022 年冬奥会自由式滑雪项目两金一银获得者
迈克尔·菲尔普斯 Michael Phelps	美国"飞鱼" 奥运历史上获得奖牌及金牌最多的运动员
穆罕默德·阿里 Muhammad Ali	拳王 三次获得世界重量级拳王称号
泰格·伍兹 Tiger Woods	美国大师赛最年轻的冠军 劳伦斯年度最佳男运动员
西蒙娜·拜尔斯 Simone Biles	美国首位奥运女子跳马冠军 女子体操史上首位全能三连冠及世锦赛 金牌数量最多的运动员
汤姆·布雷迪 Tom Brady	率队夺得 6 次超级碗冠军和 3 次亚军 NFL 历史上最伟大的四分卫
罗素·威尔逊 Russell Wilson	西雅图海鹰队先发四分卫 2012 年 NFL 年度最佳新秀
菲尔·希思 Phil Heath	7 次当选奥林匹亚先生
杰森·海沃德 Jason Heyward	芝加哥小熊队外野手
沃伦·巴菲特 Warren E. Buffett	股神 伯克希尔·哈撒韦公司（Berkshire Hathaway） 创始人和 CEO
比尔·盖茨 Bill Gates	微软公司（Microsoft）创始人
杰夫·贝佐斯 Jeff Bezos	亚马逊（Amazon）创始人和 CEO 《2022 福布斯全球富豪榜》第 2 名

续表

姓名	头衔及名誉
埃隆·马斯克 Elon Musk	特斯拉（Tesla）及太空探索技术公司（SpaceX）首席执行官
莎拉·布莱克利 Sara Blakely	Spanx 创始人 《福布斯》2012 年评选出的最年轻、完全白手起家女亿万富翁
肯特·泰勒 Kent Taylor	美国知名连锁餐厅"得克萨斯客栈"（Texas Roadhouse）创始人和 CEO
赫内·伦格 Gene Lunger	爱室丽家居（Ashley Furniture Industries）执行副总裁
斯科特·谢尔 Scott Scherr	终极软件（Ultimate Software, Inc.）CEO

致　谢

我拿到一支笔，可以把我的想法、教育和经验写进这本关于赢的书里。我可以选择写些美好的、有意义的，甚至是伤人的东西。不管怎样，写这本书的机会是一份礼物，我必须决定如何利用这份礼物。我无比感谢我的合著者兼经纪人莎莉·温克，她与我一起将这份礼物交给你，把它包装好，并让许多人有机会打开这份赢的礼物。

赢在于拥有正确的盟友。我很感谢与斯克里布纳（Scribner）的合作，尤其是执行主编里克·霍根（Rick Horgan）。他明白赢并不总是关于庆祝活动，还是看不见的工作和阻碍成功的无情障碍。在《野蛮进化》中，我也有幸与整个斯克里布纳团队合作，谢谢你们相信我。

对于成千上万的让我成为他们赢的一部分的运动员们，你们永远不会知道我有多珍惜和感激我们一起走过的这段旅程。

还有许多读过《野蛮进化》并与我分享他们的故事和经历的读者们，去赢吧！

中　资　海　派　图　书

[美] 劳拉·希伦布兰德 著

王祖宁　译

定价：55.00 元

奥运名将二战漂流纪实

《纽约时报》青少年读物 No.1
2015 年度引进版优秀图书奖
亚马逊 2018 年度最值得阅读的图书前 50 名

  1943 年 5 月的一个下午，一架美军轰炸机坠入太平洋，从此失去踪迹，海面上只留下一堆飞机残骸、油料和血迹。不久，一名中尉浮出海面，他拼命游向一只救生筏，爬了上去，从此展开了第二次世界大战中非凡的一段旅程。

  这名中尉便是路易·赞贝里尼。少年时期，他曾是不可救药的小魔头；青年时期，他将不服输的精神融入赛跑项目中，展现出惊人的天赋，并参加了 1936 年的柏林奥运会。二战爆发后，路易·赞贝里尼愤而从军，但一次寻常的飞行任务却将他引向了未知的深渊。

  等待路易·赞贝里尼的，是万里无垠的汪洋大海和不时跃出水面的鲨鱼，饥饿、干渴、敌机不断威胁着他的生命；更为可怕的，是在日军战俘营中度过的 700 多个日日夜夜。他的命运，都悬在那根已渐渐磨损的意志之弦上……

GRAND CHINA
PUBLISHING HOUSE

[美] 劳拉·希伦布兰德 著

张慧云 译

定价：55.00 元

即使全世界都轻视你，看扁你
唯有永不言败才是真正的冠军

"海洋饼干"原本是一匹失败的赛马，它又矮又小，毛色难看，前腿有缺陷，两年间屡战屡败，被贱价出售也无人问津。是三个不得志的男人发现了它的巨大潜能：

- 它的主人查尔斯·霍华德白手起家，中年时家财万贯却痛失爱子，无心经营实业，只想从赛马中寻求安慰；
- 驯马师汤姆·史密斯是一个曾在荒野流浪的难民，怀揣着有关马匹的古老智慧，一身绝技却无用于时代；
- 骑师雷德·波拉德少年遭弃，右眼失明，在底层赛马圈和拳击场混日子，他的高智商让他与其他人格格不入。

看似毫无希望的三人一马，却组成了体育史上最成功的团队。他们在最严酷的时代，承受着超乎想象的重负，克服了一连串厄运，不断在赛场上刷新历史纪录，以永不言弃的精神点燃了整个国家即将熄灭的希望之火。时至今日，它仍被视为美国精神的象征。

 ✕ READING YOUR LIFE

人与知识的美好链接

20年来，中资海派陪伴数百万读者在阅读中收获更好的事业、更多的财富、更美满的生活和更和谐的人际关系，拓展读者的视界，见证读者的成长和进步。

现在，我们可以通过电子书（Kindle、掌阅、阅文、得到等平台）、有声书、视频解读和线上线下读书会等更多方式，满足不同场景的读者体验。

微信搜一搜
🔍 海 派 阅 读

扫派酱二维码
加入早起俱乐部

关注微信公众号"**海派阅读**"，随时了解更多更全的图书及活动资讯，获取更多优惠惊喜。读者们还可以把阅读需求和建议告诉我们，认识更多志同道合的书友。让派酱陪伴读者们一起成长。

也可以通过以下方式与我们取得联系：

📞 采购热线：18926056206 / 18926056062　　📞 服务热线：0755-25970306

✉ 投稿请至：szmiss@126.com　　🌐 新浪微博：中资海派图书

更多精彩请访问中资海派官网　　www.hpbook.com.cn ▷